ビギナーズ
有機構造解析

川端 潤 ❖著

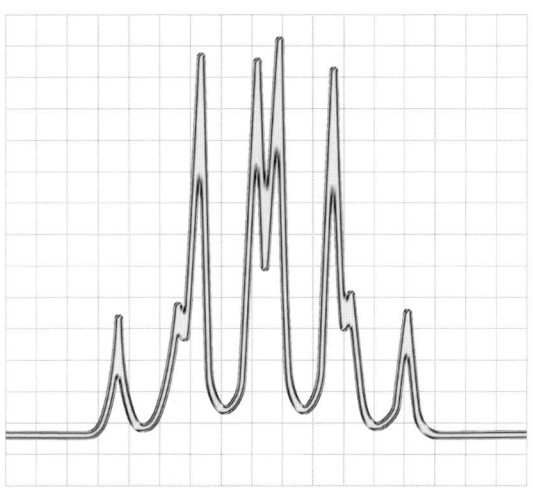

化学同人

は じ め に

　有機化学はおもしろい．でもスペクトル分析による有機化合物の構造解析というと，難しい物理化学的な理論や無味乾燥なデータの羅列，暗記ばかりでつまらない．そう思われたことはないだろうか．たしかに暗記しなければと思ったら勉強はつまらない．でも，有機構造解析はけっして難しくない．あなたが有機化学のごく基本的な知識さえ身につけていれば，簡単に理解できることばかりなのだ．マススペクトルのフラグメンテーションの起こり方もNMRスペクトルの化学シフトも，すべて有機化学ということばで書かれているのだから．

　有機機器分析すなわち各種スペクトル分析による有機化合物の同定，構造決定は，本来であれば有機化学の内容の重要な一部分を占めるものだ．だから通常の有機化学の教科書には，必ず有機機器分析法による有機化合物の分析の章が含まれている．しかし有機化学で学ぶ内容は広範であり，一方時間は限られている．そのなかで多少異質な側面のある機器分析の内容は，切り離されて別の講義を立てられることも多い．著者も有機化学の講義とは別に，有機構造解析の講義を10年来やっている．この分野には定番教科書として"シルバーシュタイン"といわれる古典的な名著が版を重ねている（参考図書の頁参照）．30年前，著者が学生時代に習ったときの教科書もこの旧版であった．たしかにすぐれた教科書であり，これを読みこなせればいうことはない．しかしこの山は初学者がとっつくには少しく高く，かつ険しすぎるのが難点だろう．有機化学をすら学びかねている入門者には適当な踏み台が必要ではないだろうか．

　早いもので前著『ビギナーズ有機化学』の上梓から4年半がたった．有機化学の初学者向けにできるだけわかりやすい入門書をという意図で書いたこの本は，幸い多くの読者に支えられ順調に刷を重ねている．前著では割愛せざるをえなかった部分について，同じコンセプトで書いた有機構造解析の入門書が本書である．ぜひ二冊セットで魅力的な有機化学の世界の扉を開いてほしい．なお，本書にはその性質上，構造解析に必要な数値データは収載していない．適宜巻末の参考書を参照されたい．

　最後になりましたが，本書に収載されているほとんどのスペクトル図の転載をお許しいただいた独立行政法人 産業技術総合研究所SDBS，構造解析事例のスペクトルを測定していただいた北海道大学農学部GC-MS & NMR室に感謝します．学生時代に「有機化合物研究法」という名講義で有機機器分析のおもしろさをお教えいただいた北海道大学名誉教授 故西田進也先生に心より感謝します．また，化学同人の栫井文子氏にはたいへんお世話になりました．厚く御礼申し上げます．

2005年3月

川端　潤

CONTENTS

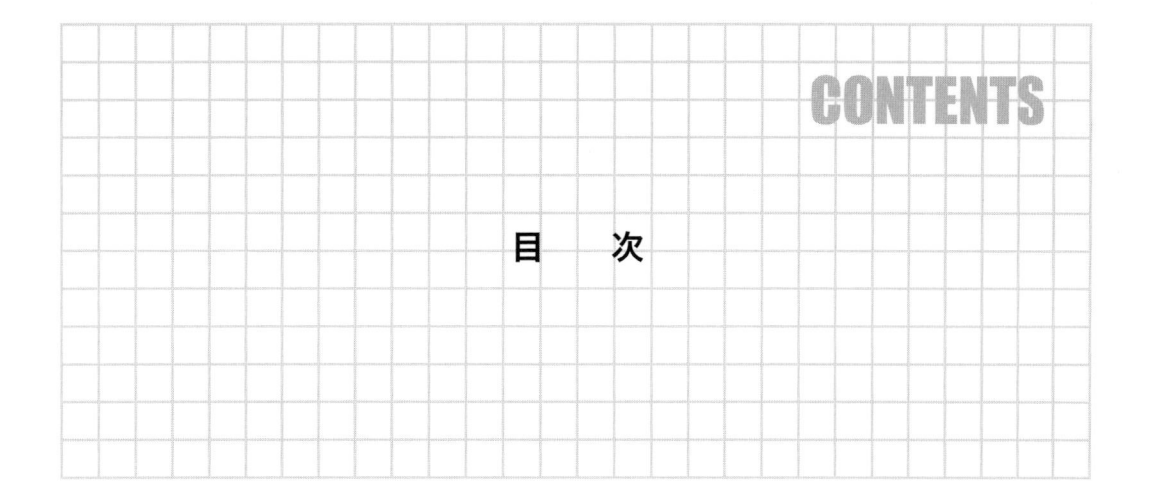

目　次

1　質量分析法　　1

質量分析法とは	2
質量分析計のしくみ	2
中性分子のイオン化	4
電子イオン化(EI)法	5
高速原子衝撃イオン化(FAB)法	6
そのほかのソフトイオン化法	7
分子式の決定	8
分子の精密質量	9
安定同位体と天然存在比	11
分子量は平均値	12
高分解能質量分析の注意点	13
ハロゲンの特殊性	14
不飽和度	16
窒素ルール	17
分子イオンの確認	18
フラグメンテーション	19
フラグメンテーションにおける結合の開裂	19
ホモリシスによる結合開裂	20
ヘテロリシスによる結合開裂1	21
ヘテロリシスによる結合開裂2	22
フラグメンテーションにおける注意点	22
再び窒素ルール	23
フラグメンテーションの一般則	24
1．分枝位置は切れやすい	24
2．二重結合のアリル位は切れやすい	26
3．ヘテロ原子のβ結合は切れやすい	26
4．安定な中性分子の放出	27
5．分子内転位1　1,2-シフト	28
6．分子内転位2　McLafferty転位	28
フラグメンテーション各論	29
1．炭化水素	29
2．アルコール	31
3．ケトン，アルデヒド	33
4．エステル，カルボン酸	34

コラム

ホモリシス，ヘテロリシス	20	アリルカチオンの安定性	26
カルボカチオンの級数と安定性	25	芳香族性	29

CONTENTS

2 核磁気共鳴分光法　　37

核磁気共鳴分光法とは	38	Pople 表記法と二次相互作用	80
ラーモア周波数	39	非等価な水素のいろいろ	82
NMR 装置	43	デカップリング	85
FT-NMR	43	酸素に結合した水素：カップリング	87
化学シフト	48	酸素に結合した水素：化学シフト	88
スペクトル表記	49	窒素，硫黄に結合した水素	90
化学シフトの基準物質	52	NOE	93
電子雲による遮蔽	55	^{13}C NMR	94
官能基の磁気異方性による遮蔽 1	58	^{13}C 測定法の実際	96
官能基の磁気異方性による遮蔽 2	60	炭素の種類わけ	101
カップリング	62	INEPT と DEPT	103
隣接水素が複数個のカップリング	65	炭素の化学シフト	106
いろいろなカップリング	69	二次元 NMR	107
結合定数	70	COSY と TOCSY	109
スペクトル上の化学シフトと結合定数の関係	72	NOESY	112
		CH COSY と HMQC	113
複雑なカップリングパターン	74	LR-CH-COSY と HMBC	115
化学的等価と磁気的等価	78	他核とのカップリング	116

コラム

同位体の存在比	39	誘起効果と共鳴効果	57
縦緩和と横緩和	45	折り返しピーク	91
ピークの形のゆがみ（シムと位相）	54	多次元 NMR	109

3 赤外分光法　　119

赤外分光法とは	120	官能基と特性吸収	122
振動の種類	121	各部分の見方	124

4 紫外可視分光法　　127

紫外可視分光法とは	128	発色団と助色団	130

5 分子構造を決める手順　　133

測定以前の注意	134	全体構造を導く	136
MS の解析	134	立体化学の決定	136
NMR では何を測定するか	135	ケーススタディ	
部分構造の推定	135	——フェルラ酸の構造決定	137

問　題　　145

問題の解答は著者の web ページ (http://junkchem.sakura.ne.jp/) をご覧ください．

参考図書 …………………… 166　　索　引 …………………… 167

1

質量分析法

核磁気共鳴分光法

赤外分光法

紫外可視分光法

分子構造を決める手順

質量分析法とは

　質量分析法（mass spectrometry, MS, "マス"あるいは"エムエス"と略称する）では，分子の質量を直接求めることができる．後にでてくる核磁気共鳴分光法（NMR），赤外分光法（IR），紫外分光法（UV）など，特定の波長の電磁波の吸収を観測する分光学的手法とはまったく異なる原理にもとづいており，1個1個の分子を分析計内に導入して直接その質量情報を得るというユニークな分析方法である．また，分子そのものの質量だけではなく，分子内の結合が開裂して二次的に生成した分子断片（フラグメント，fragment）の質量を求めることもできる．フラグメントの質量を知ることによって，その分子がどのような構造単位からできているのかがわかるため，構造解析のうえで有用な情報となる．このように質量分析法は，分子そのものの質量および部分構造情報を直接観測するすぐれた方法なのである．

　有機化合物の構造解析にあたってもっとも基礎的で重要なことは，分子式の決定である．分子式に関する情報はNMRなどほかの方法からも部分的に得られるが，直接にそれを知る方法はなんといっても質量分析法以外にない．以前は，この目的のために元素分析法〔有機化合物を完全燃焼させて生成する二酸化炭素と水の重量から，炭素，水素（および酸素）の比率を求める方法〕が用いられてきたが，今日では大部分が後に述べる高分解能質量分析法にとってかわられているといってよいだろう．

質量分析計のしくみ

　質量分析法では分子あるいはそのフラグメントの質量をどうやって求めるのだろう．そのしくみを簡単に説明しよう．

　一般的な質量分析計では，荷電粒子（イオン）の運動が磁場中で運動方向および磁場方向に直角の力を受けて曲がる（フレミングの左手の法則）ことを利用している．つまりイオンを高速で磁場中に突入させ，その運動方向が一定の曲率で曲がるのを観測するわけだ．通常用いられる二重収束型の分析計は，模式的に図 1.1 のようにあらわされる．

　イオン化部で生成したイオンは加速されて電場中に入る．ここで精密に速度をそろえられた後で磁場に入り，質量に応じた曲率で曲げられて検出器に到達し，検出される．

　イオンの質量を決めるには，次の式を用いる．

$$m/z = r^2 B^2 e / 2V$$

　ここで，mはイオンの質量，zは価数，rはイオンが通過する磁場の

フレミングの
左手の法則

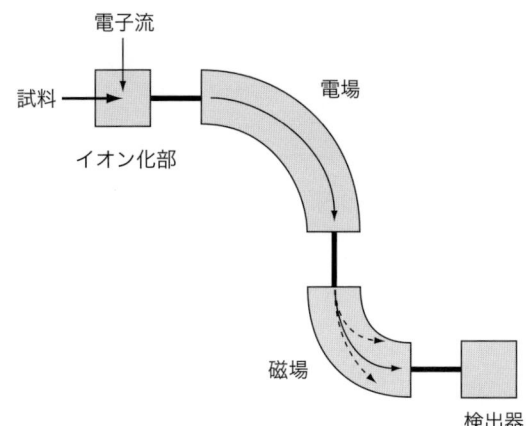

図1.1 磁場型二重収束質量分析計

曲率半径，B は磁場強度，e は電気素量(定数)，V は加速電圧をあらわす．特別な場合を除いてイオンの価数は1価なので，左辺の m/z がすなわちイオンの質量をあらわすと考えてよい．右辺のうち磁場の曲率半径は分析計によって固定されているので，イオンの速度(加速電圧，V)か磁場強度(B)を変化させることによって，特定の質量のイオンのみを検出器に送り込むことができる．

　磁場スキャン型装置では，一定の加速電圧で加速したイオンに対して磁場強度を高速かつ連続的に変化させてゆく．観測されるイオンは前式を満たさなければならないから，弱い磁場では質量の小さいイオン，強い磁場では質量の大きいイオンが検出器へ到達する．条件に合わないイオンは磁場中の曲線を曲がりきれないか，あるいは曲がりすぎるので検出器に到達できない．

　この方法は磁場によるイオンの運動方向の変化を利用していることから磁場型とよばれ，精密な分析が可能なために低分子有機化合物の分析に広く利用されているが，装置が大型で高価であるという欠点もある．イオンの質量の検出法にはこのほかにも，四重極型(quadrupole mass spectrometer)，飛行時間型(time-of-flight mass spectrometer)などいろいろな方法があり，目的に応じて使い分けられている．

　質量分析法で得られるチャート(質量スペクトル，マススペクトル；図1.2)は横軸に m/z 値，縦軸にイオンの相対強度(relative intensity)をとってあらわす．低分子有機化合物の通常分析の場合，横軸は整数値であらわされ，それぞれの m/z 値に対するイオンの強度を縦にバーグラフとして表示する．縦軸はイオンの量を意味しているが，絶対量は試料の導入量などで変化するため，最大強度のピークを100％とした相対値であらわすならわしである．このとき100％の強度をもつ最大ピークを基準ピーク(base peak)という．

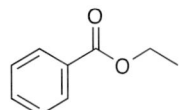
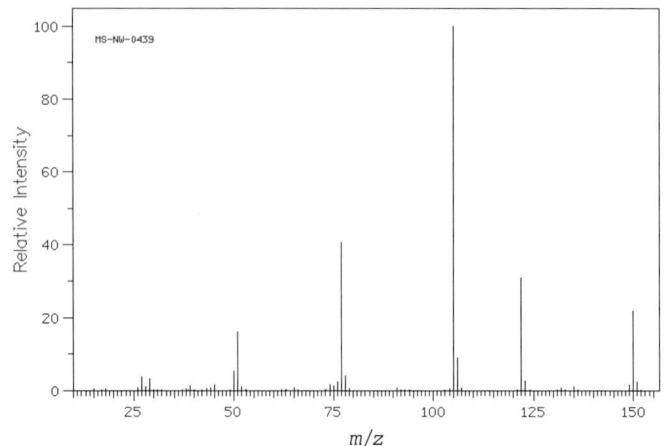

図1.2 安息香酸エチルのマススペクトル
独立行政法人産業技術総合研究所SDBSより許可を得て転載.

なお，電荷の記号として以前は e が用いられていたため，古い本では m/e と表記されていることがあるが，m/z と同じ意味である．表記するとき m および z は小文字のイタリック体で書き，"エムバーズィー"と読む．

中性分子のイオン化

　メタノール，安息香酸エチル，グルコースなど普通の有機化合物分子は電荷をもたない中性分子だから，そのままでは磁場の影響を受けないで分析計のなかを直進してしまい，観測することができない．だからまず中性の分子をなんらかの方法でイオンに変化させることが必要になる．その方法にはいろいろあってそれぞれ特徴をもっている．質量分析法においてこのイオン化法は，いろいろな方法が工夫され，もっとも進歩が著しい部分であるといってよいだろう．有機分子といってもその性質は千差万別であり，その特質に応じたイオン化法をとることが重要である．

　中性分子をイオンに変換するもっとも簡単な方法は，分子中の電子を1個奪い取って1価のカチオン（陽イオン）にすることである．分子を構成している粒子のうち，動きやすいのは電子であり，そのなかでも直接結合にあずかっていない非共有電子対の電子はわりあい低いエネルギーで取り去ることが可能だ．その電子を1個なんらかの方法ではじきだしてやれば，もとの分子と同じ質量のカチオンをつくりだすことができる．電子1個の質量は分子全体に比べるとはるかに小さいので，それが失われることによる質量の減少は無視してよい．中性有機分子ではすべての電子は電子対（結合電子，非共有電子対）として存在しているので，電子1個を失うと正確にはその部分に不対電子すなわちラジカルが残ることになり，生成したカチオンはラジカルカチオン（radical cation）

エタノール　　プロパン

図 1.3 分子イオン（ラジカルカチオン）の表記

とよばれる．

　分子のなかのどの電子が失われてラジカルカチオンとなったのか，いいかえると電荷が分子のどの部分に局在しているのかはわからない場合も多い．エタノールのようなアルコールでは，結合を開裂させることなくはじき飛ばすことのできる電子は酸素上の非共有電子対のみと考えられるから，正電荷は酸素上にあると考えてよいが，プロパンのような飽和炭化水素には非共有電子対は存在しないから，この場合は分子内のどこの結合電子が1個脱離してラジカルカチオンになっているかはわからない．このような場合は構造式の右肩にカギカッコ（⌐）をつけて，分子内の不特定のどこか，という表記法をとる（**図1.3**）．

　このようにもとの分子のどこかから1個電子を奪うことによって生成するラジカルカチオンを分子イオン（molecular ion）といい，$[M]^+$ であらわす（M は molecule の略）．分子イオンの質量はもとの分子の質量と等しいと考えてよいから，ある化合物の分子量や分子式を求めるためには，この分子イオンの観測がきわめて重要である．

電子イオン化（EI）法

　中性の分子から電子を1個奪い取る方法で，もっとも一般的に用いられるのが電子イオン化法（electron ionization），略して EI（イーアイ）法である．EI 法は質量分析法の初期のころから広く用いられており，現在でも主流の方法である．

　この方法は，分子を高真空下加熱して揮発させ，そこへ高エネルギーの電子流を衝突させて，分子中の電子をはじき飛ばすことでラジカルカチオンを発生させる（**図1.4**）．電子流による衝撃を利用することから，

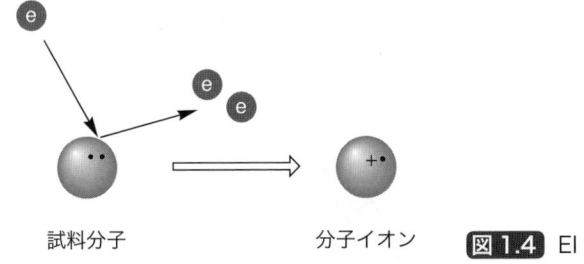

試料分子　　　分子イオン　　**図1.4** EI 法によるイオン化

以前は電子衝撃イオン化法 (electron impact ionization) ともよばれた．操作が簡単で感度がよく，再現性もすぐれているという利点から広く用いられているが，分子を気化させなければならないので高極性，高沸点の難揮発性分子には向かない．また，高エネルギー電子流をあてるハードな方法であることから，不安定で分解しやすい分子では分子イオンが観測しにくいという欠点をもつ．ただし，イオン化時に分子イオンが分解してフラグメントイオンを生成しやすいことを逆に利用すれば，部分構造の情報を得るのには適している．

EI法は，高エネルギー電子衝撃により分子が分解しやすい方法であるため，ハードイオン化法とよばれる．アミノ酸，ペプチドや糖類などの生体分子は高極性で分解しやすい官能基をたくさんもつことから，以前はこのような分子の分析が質量分析法のネックであった．現在では次に述べるソフトなイオン化法がいろいろ開発され，このような生体分子の分析にさかんに用いられている．

高速原子衝撃イオン化（FAB）法

電子イオン化法の欠点を克服して，よりおだやかな条件で分子をイオン化する方法をソフトイオン化法という．高速原子衝撃イオン化 (fast atom bombardment ionization) 法，略してFAB（ファブ）法がその代表である．この方法の開発によって，これまでは困難であった低揮発性で分解しやすい物質の分析に道がひらかれた．

FAB法では分子に中性の高速原子をぶつけてイオン化する（**図1.5**）．用いられる原子はアルゴンやキセノンのような不活性ガスで，試料を塗布したターゲットとよばれる面にこれらの高速原子流をあてて試料の気化とイオン化を同時に行う方法である．通常，試料はマトリクスとよばれる粘稠な液体と混合しておき，原子衝撃時に試料分子とマトリクス分子のあいだで電子やプロトン（水素イオン）の移動が起こり，イオン化が促進される．マトリクスには試料の特性にあわせてグリセロール，m-ニトロベンジルアルコールなどが用いられる．

FAB法はEI法のように試料を加熱気化させることなく，常温でイオ

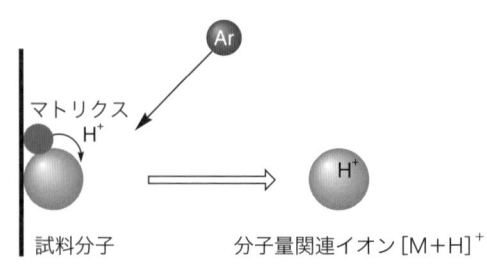

図1.5 FAB法によるイオン化

ン化できるので，熱に不安定な物質や難揮発性物質に有効な方法である．生成するイオンは分子がそのままイオン化された[M]$^+$が検出されることもあるが，マトリクス由来のプロトンが分子に移動して生成した[M+H]$^+$イオンが検出されることが多い．この場合，質量がもとの分子量よりも水素1個分すなわち1マスユニット（質量単位，質量数12の炭素原子の1/12）大きいイオンとなるので，注意が必要である．後で説明するように，炭素，水素，酸素のみからなり窒素を含まない有機化合物の分子量は必ず偶数なので，[M+H]$^+$イオンの質量は奇数になるから見分けることができる．

また，試料や溶媒あるいはマトリクスに含まれる微量のナトリウムイオンが分子に付加した[M+Na]$^+$イオンが観測されることもある．この場合，質量はもとの分子量＋23（Naイオンの質量）となる．このような分子そのものにプロトンなどが付加（あるいは脱離）して生成するイオンは，正確には分子イオン（[M]$^+$）そのものではないので分子量関連イオン（molecular-related ion）と総称する．

このほかFAB法では試料分子にマトリクス分子が付加したイオンや，マトリクス分子自身のみに由来するイオンも生成するため，スペクトルが複雑化することがある．マトリクス由来のイオンは既知であるため，解析の妨害となることは少ないが，データの解釈には若干の注意が必要となる．

またEI法と異なり，FAB法では試料が酸性のプロトンをもつ場合，プロトンが引き抜かれて1価の負イオン（[M−H]$^-$）が生成することがある．検出器の位相を反転させて負イオンモードにすれば，このような負イオンの検出も可能である．

FAB法はおだやかなイオン化法であるため，EI法に比べて比較的フラグメントイオンの生成が少なく，分子イオンの観測に適している．

そのほかのソフトイオン化法

ソフトイオン化法にはFAB法以外にも，エレクトロスプレーイオン化法〔electrospray ionization, ESI（イーエスアイ）〕，マトリクス支援レーザー脱離イオン化法〔matrix-assisted laser desorption ionization, MALDI（マルディ）〕，電界脱離イオン化法〔field desorption ionization, FD（エフディー）〕，化学イオン化法〔chemical ionization, CI（シーアイ）〕などがある．

ESI法は，試料を溶液にして細孔から噴出させると同時に高電圧をかけて帯電粒子とする方法であり，原理的に分子量の制限がないため，タンパク質などの高分子のイオン化も可能である．また，プロトンが多数

付加あるいは脱離した多価イオンが生成しやすいという特徴をもつ．はじめに説明したように，質量分析計では質量と電荷の比である m/z 値によってイオンの質量を検出しているため，質量1000の2価イオンと質量500の1価イオンは同じピークとして検出される．そのため，磁場スキャン範囲を広くしなくても2価イオンなら1価イオンの2倍，10価イオンなら10倍の質量範囲のイオンを検出することができ，高分子物質の分析が可能となるわけである．

MALDI法は，FAB法のようにターゲット上でマトリクスと混合した試料に紫外線レーザーを照射してイオン化する方法で，タンパク質などの生体高分子分析に用いられる．

FD法は，エミッターとよばれるカーボン結晶上に試料をのせ，電子を直接引き抜くことによってイオン化する．非常に温和なイオン化法であり，ほとんど分子イオンのみしか観測されないため，分子量決定に有用である．

CI法はメタン，イソブタンのような反応ガスをまずイオン化させ，試料へのイオン付加によってイオン化する方法で，現在のようなFAB法などのソフトイオン化法が一般化される以前は，おだやかなイオン化法としてよく用いられた．

分子式の決定

はじめにも述べたように，低分子有機化合物の構造解析における質量分析法の役割は，分子式の決定および部分構造の推定である．このうち，まずどうやって分子式を決定することができるのかを説明しよう．

通常のマススペクトルのチャートでは横軸は整数目盛であり，観測するイオンの質量（正確には m/z）は整数値でしか得られない．たとえば，

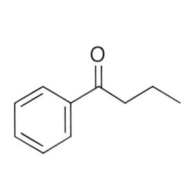
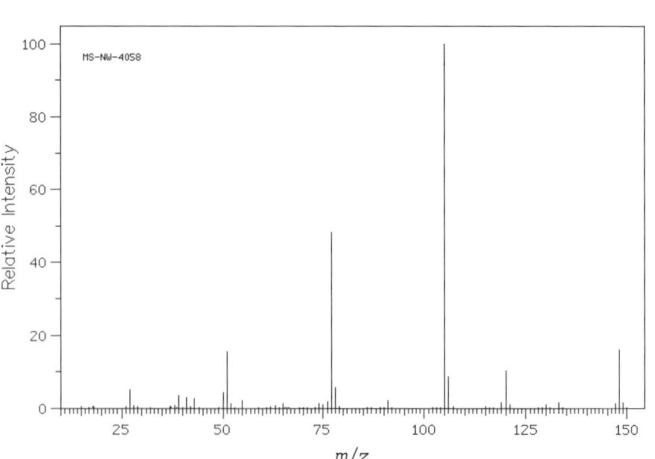

図 1.6　ブチロフェノンのマススペクトル
独立行政法人産業技術総合研究所 SDBS より許可を得て転載．

ブチロフェノン　　　　　ケイヒ酸　　　　　　ペンチルベンゼン
($C_{10}H_{12}O$＝148)　　　($C_9H_8O_2$＝148)　　　($C_{11}H_{16}$＝148)　　　**図 1.7**　分子量が 148 の分子

ブチロフェノンのマススペクトル(**図 1.6**)では，m/z 148 に分子イオン([M]$^+$)に由来するピークがみられる．

まず前提として，この 148 という質量をもつイオンがフラグメントのイオンではなく，分子イオンそのものであるという決定をしなければならないが，その説明は後ですることにして，ここではこれを分子イオンとして話を進める．

確かにブチロフェノンは分子式 $C_{10}H_{12}O$ であり，その分子量は炭素を 12，水素を 1，酸素を 16 として整数値で求めると 148 になる．では，逆に分子量 148 の分子は分子式 $C_{10}H_{12}O$ をもつと考えてよいだろうか．もちろんこれは間違いだ．たとえばケイヒ酸（$C_9H_8O_2$）は分子量 148 だし，ペンチルベンゼン（$C_{11}H_{16}$）だって 148 になる（**図 1.7**）．つまりマススペクトルにおいて分子イオンが m/z 148 に観測されたからといって，それだけでは分子式を決定することはできないということになる．

分子の精密質量

では，どうやったら分子式を一義的に決定することができるだろうか．ブチロフェノン，ケイヒ酸，ペンチルベンゼンは同じ整数分子量をもつが，分子式すなわち構成原子組成は異なっている．原子の質量は整数値ではなく，厳密には小数点以下の端数がつく．たとえば質量数 1 の水素原子（^{1}H）の精密質量は 1.00782504，質量数 12 の炭素原子（^{12}C）の精密質量は 12.0000000，同じく質量数 16 の酸素原子（^{16}O）は 15.9949146 である（蛇足ながら ^{12}C の精密質量がきりのよい数値なのは，この同位体の質量がすべてのほかの原子の同位体質量の基準に定められているからである）．この精密な数値を使って小数点以下まできちんと分子の質量を求めてみよう．

	^{12}C	^{1}H	^{16}O	
ブチロフェノン	12.0000000 ×10 ＋	1.0078250 ×12 ＋	15.9949146 ×1	＝ 148.0888146
ケイヒ酸	12.0000000 × 9 ＋	1.0078250 × 8 ＋	15.9949146 ×2	＝ 148.0524292
ペンチルベンゼン	12.0000000 ×11 ＋	1.0078250 ×16		＝ 148.1252000

これをみると，小数点以下3けたくらいの精度で厳密にイオンの質量を測定することができれば，これらの分子イオンは区別できることがわかる．通常は整数値で求める m/z 値を小数点以下4けたまで精密に求める手法が高分解能質量分析（high resolution mass spectrometry）で，HR-MS（ハイマス）と略される．異なる分子式（原子組成）からなる分子は質量の整数値が同じでも，小数点以下の端数は必ず異なるから，この方法で精密な分子イオン質量を求めてやれば，今度こそ一義的に分子式を決定することができるというわけだ．

さて，ここでいう分子の精密質量と分子量の違いを説明しておこう．ちょっとややこしいが，質量分析法で分子式を決定するにあたってとても重要なことなので，ぜひ間違えないように注意してほしい．

ブチロフェノン分子の精密に求めた分子質量はさきに計算したように 148.0888（以下，精密質量は小数点以下4けたであらわす）だが，小数点以下まで求めた分子量は 148.2042 と微妙に異なる．高分解能質量分析法で分子式を求めようという場合には小数点以下の値が重要だからこの違いは大きい．なぜ精密分子質量と分子量はずれるのだろうか．それは計算の基礎になっている原子の質量の値が異なっているからである．

ブチロフェノン分子の正しい質量は？	
高分解能質量分析結果	148.0888
分子量	148.2042

さきほどブチロフェノンの分子質量を小数点以下まで計算したときに用いた原子の精密質量のところで，「質量数12の炭素原子の精密質量は 12.00000」というように質量数を明記していたのに気づかれただろうか．そう，この 12.00000 という原子の重さは，陽子6個，中性子6個からなる質量数12の炭素原子（^{12}C）の重さなのだ．

原子には陽子数が同じでも中性子数が異なる同位体が天然に存在するものがある．たとえば炭素の場合，質量数12の炭素のほかに天然には中性子を7個もつ質量数13の同位体（^{13}C，精密質量 13.00335）が存在する．その存在比はおよそ $^{12}C : ^{13}C = 99 : 1$ である．つまり炭素原子が100個あるとすると99個は ^{12}C，残りの1個が ^{13}C という確率で存在するわけだ．

さて，そうすると炭素10個からなるブチロフェノンが10分子あったら，総炭素原子数は100になるから，そのなかには確率的にいって1個は ^{13}C が存在するはずだ．つまり，10分子のうち1分子は分子内のどこかに ^{13}C を1個含むことになる．

このような同じ分子式をもちながら同位体組成が異なる分子をアイソ

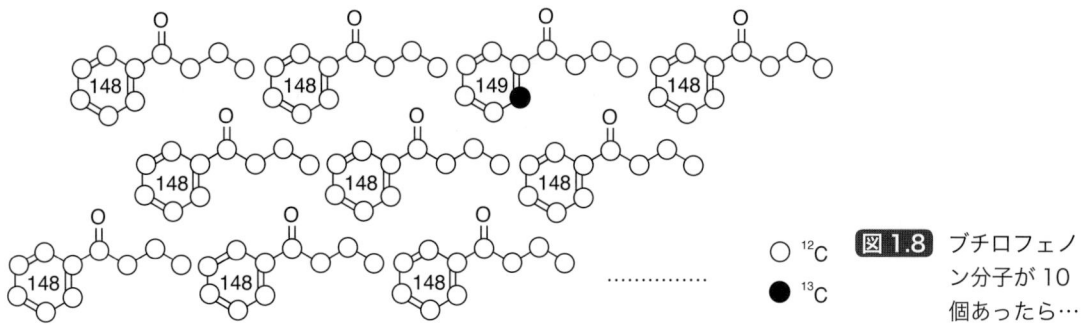

図1.8 ブチロフェノン分子が10個あったら…

○ ^{12}C
● ^{13}C

トポマー（isotopomer）という．炭素だけに着目すると，ブチロフェノンには分子質量148の$^{12}C_{10}H_{12}O$と149の$^{12}C_9{}^{13}C_1H_{12}O$の2種類のアイソトポマーが約9：1で存在することになる．もちろん後者のアイソトポマーには^{13}Cの位置が異なる異性体が何種類かある．分子イオンの質量を議論するときには，分子のどの位置に^{13}Cを含んでいても質量には影響しない（後のNMRのときには位置も問題になる）．また，当然分子内に^{13}Cを2個以上含むアイソトポマーも存在するが，その確率は低い（約0.5%）のでここでは考慮しなくてもよい．

安定同位体と天然存在比

炭素と同様に水素にも，質量数1の水素^1H（精密質量1.00783）のほかに質量数2の同位体すなわち重水素^2H（精密質量2.01410）が存

表1.1 おもな原子の安定同位体の精密質量と天然存在比

同位体	精密質量	天然存在比	同位体	精密質量	天然存在比
^1H	1.00783	99.99%	^{31}P	30.97376	100%
^2H	2.01410	0.01%	^{32}S	31.97207	95.02%
^{12}C	12.00000	98.90%	^{33}S	32.97146	0.75%
^{13}C	13.00335	1.10%	^{34}S	33.96787	4.21%
^{14}N	14.00307	99.63%	^{36}S	35.96708	0.02%
^{15}N	15.00011	0.37%	^{35}Cl	34.96885	75.77%
^{16}O	15.99491	99.76%	^{37}Cl	36.96590	24.23%
^{17}O	16.99913	0.04%	^{79}Br	78.91834	50.69%
^{18}O	17.99916	0.20%	^{81}Br	80.91629	49.31%
^{19}F	18.99840	100%	^{127}I	126.90447	100%
^{28}Si	27.97693	92.23%			
^{29}Si	28.97650	4.67%			
^{30}Si	29.97377	3.10%			

在するし，酸素には ^{16}O（精密質量 15.99491）のほかに ^{17}O（精密質量 16.99913）と ^{18}O（精密質量 17.99916）という 2 種の同位体が天然に存在する．そこまで考えると，分子にはいろいろな同位体の組合せからなるアイソトポマーが多数存在することがわかるだろう．おもな原子の安定同位体の種類と精密質量，天然存在比を**表 1.1** に示した．

これをみると，主として有機化合物を構成する原子である水素，炭素，酸素，窒素は特定の同位体（それぞれ ^{1}H，^{12}C，^{16}O，^{14}N）の存在比が 99％以上であり，低分子化合物ではその組合せからなるアイソトポマーが分子の大多数を占めると考えてよいことがわかる．ブチロフェノン分子の整数分子量 148 という計算の根拠（$12 \times 10 + 1 \times 12 + 16 \times 1 = 148$）はそこである．

ところが，小数点以下の端数まできちんと重さをだすことになると，1％以下の存在比の同位体の寄与が無視できなくなる．

分子量は平均値

原子量とは安定同位体の質量と天然存在比から求めた原子の質量の平均値のことだ．たとえば，炭素の原子量 12.0110 は ^{12}C の質量 12.0000 × 存在比 98.9％＋^{13}C の質量 13.0034 × 存在比 1.1％の式で求められる．

炭素の原子量の計算					
	同位体精密質量		存在比		
^{12}C の寄与	12.0000	×	98.9％	=	11.8680
^{13}C の寄与	13.0034	×	1.1％	=	0.1430
				計	12.0110

ここで注意してほしいのは，原子量は原子の質量の平均値であり，12.0110 という質量をもつ炭素原子は存在しないということである．分子量は原子量と原子数から計算した式量だから，計算根拠になっているのはそれぞれの原子の平均質量だ．すなわち分子量もいろいろなアイソトポマーからなる分子の平均質量にすぎないことがわかるだろう．つまりブチロフェノンの分子を n 個集めて計った重量を n で割った値が分子量 148.2042 に相当する．だからブチロフェノン 1 モルの重さは 148.2042 g というのは正しい．このなかには 6×10^{23} 個の分子が存在し，分子量は総体としての重量をあらわすものだからである．

ところで高分解能質量分析に話をもどそう．質量分析では分子の集合体を測定しているのではなく，個々の分子の質量を測定している．だか

ら平均質量である分子量は意味がない．148.2042 の質量をもつアイソトポマーは存在しないのだから．

たとえば，仮に炭素の ^{12}C と ^{13}C の比率が 1：1，酸素はすべて ^{16}O だとしてみよう．この場合，CO 分子の分子量は炭素の原子量 12.5（12 × 0.5 + 13 × 0.5）に 16 をたして 28.5 になる．この分子を質量分析したらどんなピークが観測できるだろうか．含まれるアイソトポマーは ^{12}C^{16}O と ^{13}C^{16}O が 1：1 だから，当然 m/z 28.0 と m/z 29.0 に等しい強度の 2 本のピークが観測されるはずだ．m/z 28.5 にはけっしてピークはあらわれない．そんな質量をもつ分子は存在しないからである．

ここまできたら，高分解能質量分析で分子式を求めるときの計算に分子量を用いるのは間違いで，各同位体の精密質量から求めた精密分子質量を用いなければならないことが理解できるだろう．

高分解能質量分析の注意点

同位体が複数ある原子を含む分子の精密質量計算には，どの同位体の数値を使えばよいのだろうか．通常の炭素，水素，酸素，窒素からなる分子の場合は，同位体の存在比が偏っているので，^{12}C，^{1}H，^{16}O，^{14}N の値を使えばよい．この組合せの分子の割合がもっとも高く，ほかの同位体を含む可能性は低いからだ．マススペクトル上にあらわれるピークはすべてこれらの同位体で構成されていると考えてよい．

ただし，このなかで炭素中の ^{13}C の比率は約 1 ％ と高いので，炭素を多数含む分子はちょっと注意が必要だ．たとえば炭素を 100 個含む分子では確率的に 1 個は ^{13}C が含まれる可能性が高く，すべてが ^{12}C のアイソトポマーよりも存在比が大きくなる（^{12}C$_{99}$^{13}C$_1$：^{12}C$_{100}$ = 100：92）．本書で扱う低分子有機化合物の場合，その心配は必要ないだろう．

高分解能測定をするためには，通常は目標となるイオン（分子イオンである必要はない）の近傍に m/z の範囲を絞って観測する．そのため，どのピークの高分解能分析値が必要なのかを指示する必要がある．また，分解能をあげるには，ほんの少し質量の違うイオンも排除しなければならず，整数値で求める通常測定よりも検出器に送り込まれるイオンの数が少なくなり，分析感度が低下するのでより多くの試料が必要となる．

同じ理由で相対強度の小さいピークについての測定は感度面で不利になるので，分子イオンピーク強度が小さい場合は測定できないこともある．そういうときは，分子イオン強度が強くなるようなイオン化法に変えたり，分子イオンピークが強くでる誘導体に変えて測定するなどの工夫が必要となる．また，フラグメント化反応様式がわかっている場合には，強度の大きいフラグメントイオンについて高分解能測定を行ってフ

ラグメントイオンの組成式を求め，そこからもとの分子の分子式を推定することも可能である．

ハロゲンの特殊性

さきほどの同位体質量と存在比の表を見て気づかれたかもしれないが，ハロゲンのなかで塩素と臭素は注意が必要だ．塩素は ^{35}Cl が 75.77%，^{37}Cl が 24.23% からなる．約 3：1 であり，こうなると存在比率の低いほうの同位体の寄与が無視できなくなる．臭素にいたっては，^{79}Br が 50.69%，^{81}Br が 49.31% とほぼ 1：1 である．こういう原子を含む化合物のマススペクトルはどういうふうにあらわれるだろう．

塩素を含む分子の分子イオンは $[M]^+$ と $[M+2]^+$ のイオンが常に約 3：1 の強度であらわれる．同様に，臭素を含む分子の分子イオンは $[M]^+$ と $[M+2]^+$ のイオンが約 1：1 の強度であらわれる．炭素，水素，酸素，窒素のみからなる分子では異なる同位体を含むアイソトポマー由来のピークは小さく，とくに 2 マスユニット大きい $[M+2]^+$ イオンは無視できるレベルだ．だから，$[M]^+$ イオンに比べて $[M+2]^+$ がかなりの強度で検出されたら，その分子はこれらのハロゲンを含むと考えてよい．そして $[M]^+$ と $[M+2]^+$ のイオンの強度比が 3：1 なら塩素（**図 1.9**），1：1 なら臭素ということもわかる（**図 1.10**）．とくに臭素は，ほぼ等強度の 2 本のピークが 2 マスユニット間隔にあらわれるのできわめて特徴的であり，この特性は分子イオンに限らず後に述べるフラグメントイオンでも同じなので，臭素を含む分子のマススペクトルはひと目で区別のつくことが多い．

それに対し，ハロゲンでもフッ素（$^{19}F = 100\%$）とヨウ素（$^{127}I = 100\%$）はいずれも安定同位体が 1 種類しかなく，異なる同位体に由来

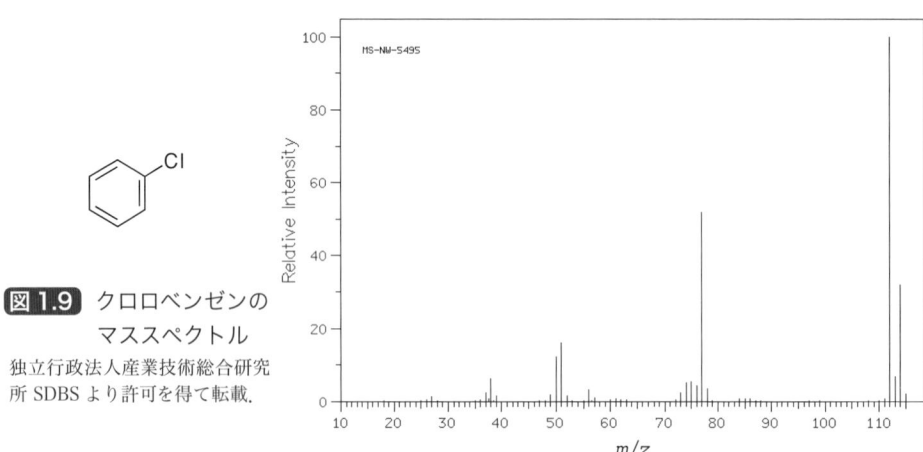

図 1.9 クロロベンゼンのマススペクトル
独立行政法人産業技術総合研究所 SDBS より許可を得て転載．

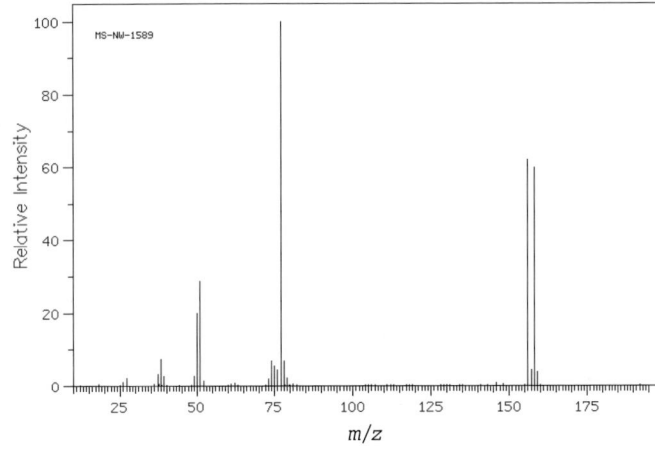
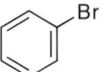

図 1.10 ブロモベンゼンのマススペクトル
独立行政法人産業技術総合研究所 SDBS より許可を得て転載.

するイオンは存在しない．また，ハロゲン以外に一般の低分子有機化合物に含まれる原子では，硫黄が ^{32}S (95 %) に対して ^{34}S (4 %) がやや多いので，硫黄を含む化合物でも $[M+2]^+$ が観測できる．また，ケイ素にも ^{28}Si に対して ^{29}Si と ^{30}Si が数 % ずつ含まれる．リンは ^{31}P が単一同位体である．

ここまで述べたのはハロゲンを 1 個含む分子の例だが，複数のハロゲンを含む分子ではピークパターンがより複雑になる．たとえば，臭素を 2 個含む分子では，^{79}Br$_2$：^{79}Br$_1$^{81}Br$_1$：^{81}Br$_2$ ＝ 1：2：1 の割合で存在するから，分子イオンピークの強度は，$[M]^+$：$[M+2]^+$：$[M+4]^+$ ＝ 1：2：1 と 3 本あらわれることになる（**図 1.11**）．この場合，もっとも強度の大きいピークは ^{79}Br と ^{81}Br を 1 個ずつもつアイソトポマーだが，分子イオンの基準になるのは最大存在比の同位体，すなわち臭素では ^{79}Br だから，^{79}Br を 2 個含むイオンが $[M]^+$ となる．

同様にして臭素を 3 個以上含む分子や，塩素を複数含む分子，塩素

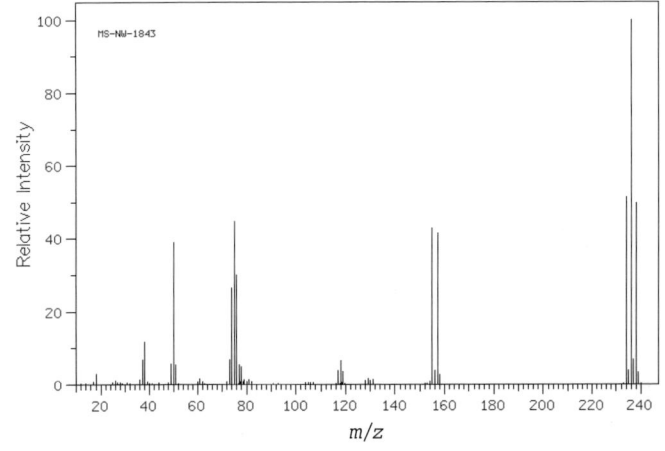

図 1.11 *p*-ジブロモベンゼンのマススペクトル
独立行政法人産業技術総合研究所 SDBS より許可を得て転載.

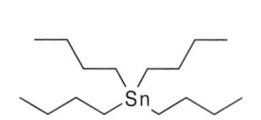

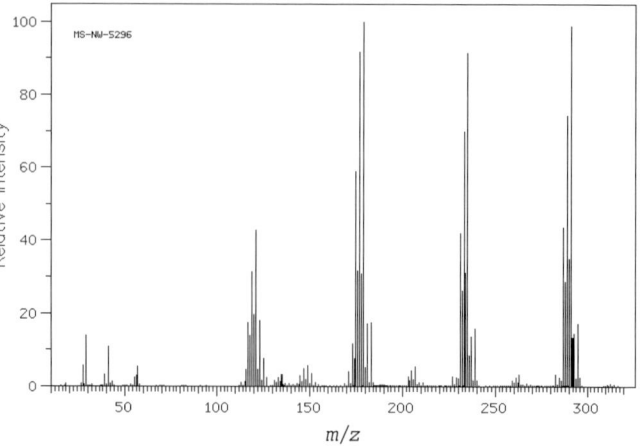

図1.12 テトラブチルスズのマススペクトル

独立行政法人産業技術総合研究所 SDBS より許可を得て転載.

と臭素を両方含む分子について，同位体存在比から計算によって$[M]^+$，$[M+2]^+$，$[M+4]^+$，…のピーク強度パターンを求めることができ，これらの多ハロゲン分子では2マスユニット間隔であらわれる複数のピークの強度パターンから含有ハロゲンの種類と個数を推定することが可能である．

このような複数のピークがひとまとまりになってあらわれるものをクラスターイオンという．スズのように安定同位体が10種もあり，そのうち7種が4％を超える存在比をもつ原子を含む分子では，特徴的なクラスターイオンがあらわれる（**図1.12**）．

不飽和度

このように，高分解能質量分析によって分子イオンの精密質量を求めれば分子式を導きだすことができる．整数分子量の順に考えられる原子の組合せの分子精密質量を並べた表がデータ集に載っているので，そこから近いものを選ぶこともできるし，ある分子式を入力するとたちどころに計算値をだしてくれる便利なフリーソフトウェアもある．通常は質量分析の際，イオン質量の実測値に対してそれに近い計算値をもつ原子の組合せ（分子式の候補）をコンピュータが打ちだしてくれるので，そのなかから正しいものを選びだせばよい．もちろん分析値には誤差がつきものだから，実測値と計算値がぴったり合うわけではない．

値の近い候補がいくつかある場合は，ほかのスペクトル情報を考慮して決める必要があるかもしれない．また，含まれる原子の比率がありそうもない組合せを排除することができるし，不飽和度（**表1.2**）を計算して整数値にならないものを除くこともできる．

表1.2 いろいろな分子式の精密質量と不飽和度

分子式	精密質量	不飽和度
$C_9H_{10}NO$	148.0763	5.5
$C_5H_{12}NO_3$	148.0849	0.5
$C_8H_{10}N_3$	148.0876	5.5
$C_{10}H_{12}O$	148.0888	5
$C_4H_{12}N_4O_2$	148.0961	1
$C_6H_{14}NO_3$	148.0974	0.5
$C_9H_{12}N_2$	148.1001	5

$$\text{不飽和度} = \text{炭素数} - \text{水素数}/2 + \text{窒素数}/2 + 1$$

不飽和度（水素不足指数）は上式で計算した値で，分子内の不飽和箇所の個数をあらわす．これ以外の原子を含む場合は，原子価4（ケイ素など）なら炭素数に，原子価1（ハロゲンなど）なら水素数に，原子価3（ホウ素など）なら窒素数にカウントする．酸素，硫黄など原子価2の原子はあってもなくても不飽和度に影響しない．

不飽和度の値は，飽和の鎖状分子にするために切断しなければならない結合の数をあらわす．すなわち二重結合1個につき不飽和度は1，三重結合1個につき2，環1個につき1となる．もちろんその組合せでもよいので，たとえば不飽和度2の分子は二重結合を2個もつか，三重結合を1個もつか，環を2個もつか，二重結合と環を1個ずつもつかのいずれかの可能性がある．またこれ以外の可能性はない．

ブチロフェノン（$C_{10}H_{12}O$）の不飽和度は $10 - 12/2 + 1 = 5$ で，ベンゼン環を二重結合3個と考えれば，環とあわせてここだけで不飽和度4にケトンのカルボニル二重結合を1個もつので合計5となり計算と合う．同様に，ケイヒ酸（$C_9H_8O_2$）の不飽和度は $9 - 8/2 + 1 = 6$ でベンゼン環の4にもう一つの二重結合（1）とカルボニル（1）をもつ構造と合うし，ペンチルベンゼン（$C_{11}H_{16}$）は $11 - 16/2 + 1 = 4$ でベンゼン環以外に不飽和部分をもたない構造と矛盾しない．

中性分子の場合，不飽和度は必ず整数になる．分子イオンは中性ではなくカチオンであるが，これは分子式に影響のない電子の脱離によるものなので，不飽和度計算上は中性分子と同等とみなしてよい．だからこれが半整数（0.5の端数がつく）になる分子式は中性分子ではないから可能性から除外できる．ただし，これは分子イオンが[M]$^+$の場合であって，FAB法のように[M+H]$^+$イオンがあらわれている場合，通常の分子式よりも水素が1個多いことになるから不飽和度は0.5下がり半整数になるので注意してほしい．

窒素ルール

分子式を導くにあたって役に立つルールに窒素ルールがある．これは単純な法則で，整数分子量が偶数の分子は窒素を偶数個含む，奇数の分子は窒素を奇数個含むというものだ．窒素以外の原子は通常考慮しなくてよい．ゼロも偶数なので，窒素を含まない分子の分子量はかならず偶数となる．これはおぼえておいて損がない．

このルールが成り立つのは，奇数原子価をもちかつ最安定同位体が偶数質量数である原子は全原子中で窒素しかないという窒素の特殊性に

よっている．ちなみに，逆に偶数原子価をもちかつ安定同位体が奇数質量数という原子もただ一つベリリウム（^{9}Be = 100％）しかなく，化合物がベリリウムを含む場合は窒素ルールが成立しないが，通常の有機分子では考慮する必要はないだろう．

> 窒素ルール
> 偶数分子量分子　→　窒素を偶数(0, 2, 4, …)個含む
> 奇数分子量分子　→　窒素を奇数(1, 3, 5, …)個含む

分子イオンの確認

分子イオンは通常，最大質量ピークである．最大強度すなわち縦軸の最大ではなく，横軸の最大 m/z 値のピークだ．ただし，[M]$^+$ イオンは常に安定して観測されるとは限らず，とくにEI法などハードイオン化法を用いた場合は，フラグメントに分解してしまって観測できないこともある．そういうときは最大質量ピークが分子イオンとは限らないので注意する必要がある．

一般的に炭素骨格では分子イオンの安定性の順は次のようになり，下位のものほど分子イオンが観測されにくくなる．

芳香族化合物＞共役アルケン＞脂環式化合物＞アルカン（直鎖＞分枝）

また，官能基についてはおおよそ次の順になる．

ケトン＞アミン＞エステル＞エーテル＞カルボン酸＞アルコール

[M]$^+$ が観測されない場合は，アルコールをエステルにするなどより分解しにくい誘導体に変換することで観測可能になる場合がある．また，もちろんよりソフトなイオン化法（FAB，FD法など）を用いるのは有効だ．ただしこの場合，前述のように分子イオンそのものではなく，[M+H]$^+$ や [M+Na]$^+$ のような分子量関連イオンとして検出されることが多いので注意する必要がある．このことを逆に利用すると，これらのソフトイオン化法によるスペクトルで最大質量部分に，22マスユニット違いの2本のピークがあらわれれば，それが [M+H]$^+$ と [M+Na]$^+$ に対応すると推定することができる．またカリウムイオンはナトリウムイオンと共存することが多く，[M+Na]$^+$ より16マスユニット大きい [M+K]$^+$ イオンがあらわれることもあり，22および16違いの3本のピークが見られるケースもよくある．

また，FAB法では負イオン測定が可能なので，スルホン酸，カルボン酸のようなプロトンの脱離しやすい分子では，負イオンモードでの

[M−H]⁻イオンの検出が有効だ．

フラグメンテーション

電子イオン化法のような強いエネルギーによるイオン化法で分子をイオン化すると，生成した分子イオン（ラジカルカチオン）が二次的に分解していろいろなフラグメントイオンを生じる〔もとになる分子イオンを親イオン (parent ion) あるいは前駆体イオン (precursor ion)，生成したフラグメントイオンを娘イオン (daughter ion) あるいは生成物イオン (product ion) とよぶ〕．これをフラグメンテーションという（**図1.13**）．

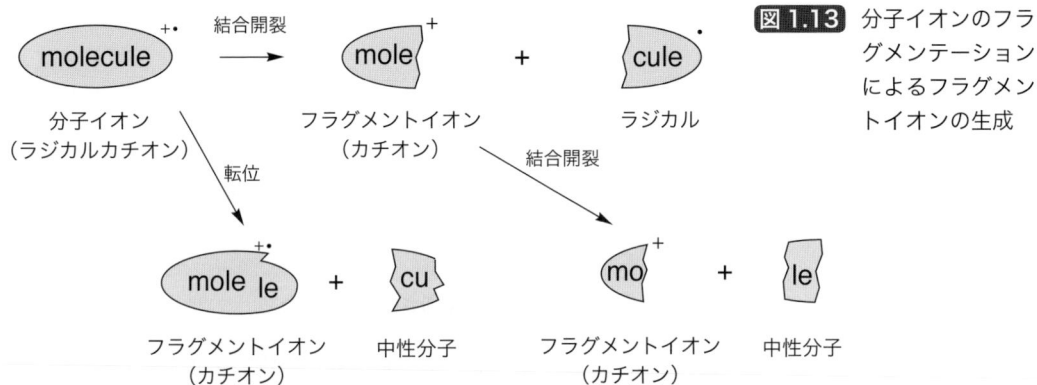

図1.13 分子イオンのフラグメンテーションによるフラグメントイオンの生成

　フラグメンテーションは単純な結合の開裂による分解だけではなく，それに伴っていろいろな転位反応が起こることがあり，化合物の分子構造，官能基によって特徴ある反応様式を示すため，フラグメントイオンの解析は構造解析の大きな手がかりとなる．

フラグメンテーションにおける結合の開裂

　有機化学で学んだように，結合の開裂には結合電子の分かれ方によってヘテロリシス (heterolysis, イオン開裂) とホモリシス (homolysis, ラジカル開裂) の2種がある（コラム参照）．
　それぞれの例を1-ブロモブタンのスペクトル（**図1.14**）を例にとってみてみよう．
　1-ブロモブタンの分子イオンは m/z 136 に観測される．さきに述べたように臭素は ^{79}Br と ^{81}Br の二種の同位体がほぼ1：1で存在するから，^{81}Br を含む同位体イオン，m/z 138 が同等の強度に観測されているのが大きな特徴だ．1-ブロモブタン分子で非共有電子対をもつのは

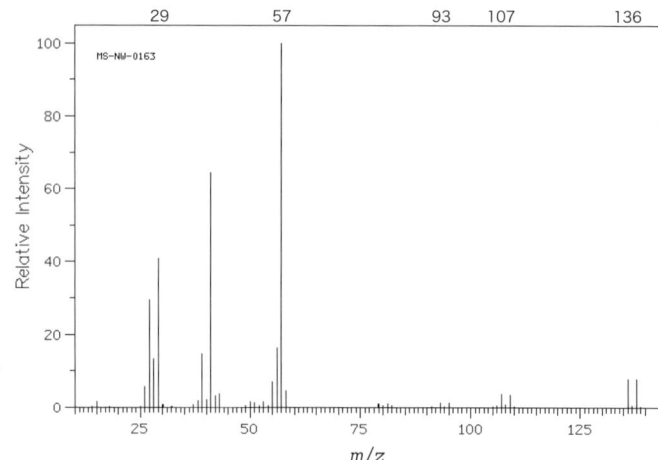

図 1.14 1-ブロモブタンの
マススペクトル
独立行政法人産業技術総合研究所
SDBS より許可を得て転載.

臭素原子だけなので，この分子イオンでは，臭素の非共有電子対電子が1個奪われて，臭素上にラジカルカチオンが局在化した構造をとっていると考えてよいだろう．

ホモリシスによる結合開裂

臭素原子上の不対電子が隣の炭素（C-1）のほうへ動き，一方でC-1とその隣の炭素（C-2）間の結合がホモリシスで開裂すると，C-1炭素のもつ不対電子と臭素からの電子によって，C–Br 間に2本目の結合をつくることができる．こうしてできた $CH_2=Br^+$ は電子がすべて対になっており，すなわちラジカル性は失われている．電荷については，臭素原子は不対電子1個を供出してあらたな共有結合をつくったことになるので，このことによる電荷の増減はなく，もとのカチオンのまま（臭素のもつ電子は形式的には2個の非共有電子対の4個と2本の共有結合の各1個ずつで計6個となり，価電子数7より1個たりない）である．す

コラム

ホモリシス，ヘテロリシス

共有結合は電子2個で1本の結合ができている．結合の開裂には2通りあり，両側の原子に電子を1個ずつ与えるように開裂するホモリシス（均等開裂，ラジカル開裂）と片側に2個他方には0個になるように開裂するヘテロリシス（不均等開裂，イオン開裂）だ．共有結合電子はもともと両側の原子から1個ずつ供出されているものだから，ホモリシスの場合，電荷の増減はない．これに対しヘテロリシスでは2個電子を受け取る側が負電荷，0個の側が正電荷となる．

なわちこの分子種は単なるカチオンということになる．カチオンは質量分析で検出できるので，$CH_2=Br^+$ は m/z 93 にピークを与える．分子イオン同様，このフラグメントも臭素を含むので，同位体ピークが m/z 95 に同時にあらわれる．

一方，ホモリシス開裂した C-1, C-2 結合の C-2 側は，不対電子が残った $CH_3-CH_2-CH_2\cdot$ という分子種となり，これはプロピルラジカルである．このラジカルは電気的に中性で電荷をもたないので，質量分析では検出することができない．すなわちもとのラジカルカチオンのホモリシスによって，あらたにラジカルとカチオンが生成し，カチオン側のフラグメントのみがフラグメントイオンとして観測できるということになる（図 1.15）．

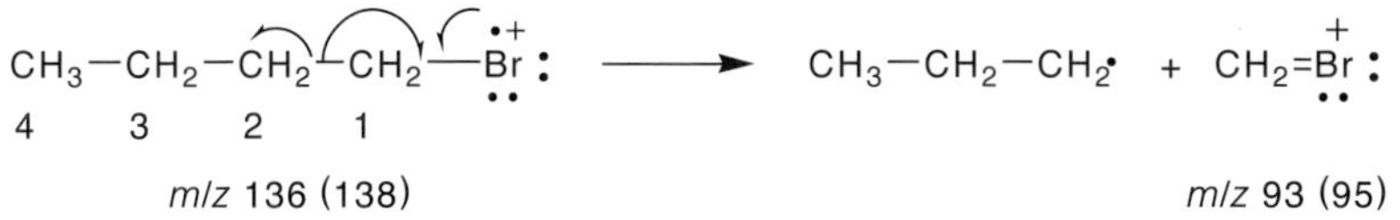

$$CH_3-CH_2-CH_2-CH_2-\overset{\cdot+}{Br} \longrightarrow CH_3-CH_2-CH_2\cdot + CH_2=\overset{+}{Br}$$

m/z 136 (138) m/z 93 (95)

図 1.15 ラジカルカチオンのホモリシスによるラジカルとカチオン生成

ヘテロリシスによる結合開裂 1

次に，ヘテロリシスの例をみてみよう．1-ブロモブタンの分子イオンの Br–C 結合がヘテロリシスで切断するとしよう．この場合もともと臭素上にカチオンがあるので，電子対は臭素側に残るかたちでヘテロリシスが起こる．ヘテロリシスの場合は電子対が残る側がアニオン性，電子対を奪われる側がカチオン性になる（1 個ずつ供出している共有結合電子が 2 個とも一方に移るため）ので，臭素はもとのカチオンが中和されて電荷がなくなる．もとの不対電子はそのまま残っているので，つまりこれは臭素ラジカルということになる（7 電子種）．これは中性のラジカルなので検出できない．

切れた反対側（C-1 側）はカチオン性なので，$CH_3-CH_2-CH_2-CH_2^+$ というブチルカチオンとなり，カチオンは検出可能だから m/z 57 にフラグメントイオンを与える．このフラグメントイオンは臭素を含まないので特徴的な同位体イオンは存在しない．この場合，もとのラジカルカチオンのヘテロリシスでやはりあらたにカチオンとラジカルが生成し，そのカチオン側だけが検出されたことになる（図 1.16）．

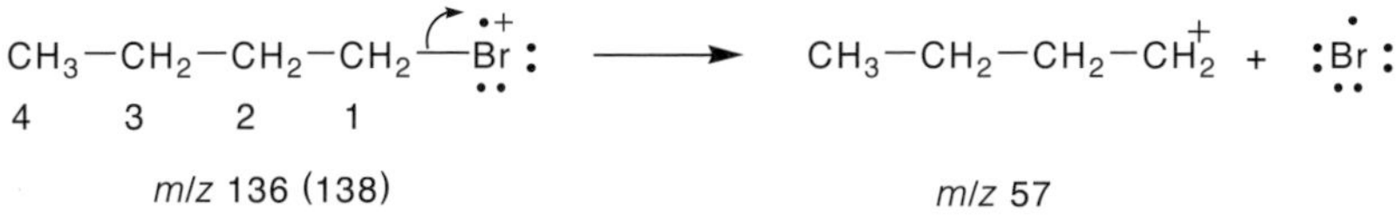

$$CH_3-CH_2-CH_2-CH_2-\overset{\cdot+}{Br} \longrightarrow CH_3-CH_2-CH_2-CH_2^+ + \cdot Br$$

m/z 136 (138) m/z 57

図 1.16 ラジカルカチオンのヘテロリシスによるラジカルとカチオン生成

ヘテロリシスによる結合開裂2

さて，フラグメンテーションは一段階のみで止まるとは限らず，生成したフラグメントがさらに分解して孫イオンに相当するフラグメントが生成することがある．いま1-ブロモブタンのヘテロリシスで生成したブチルカチオン $CH_3–CH_2–CH_2–CH_2^+$ の C-2, C-3 結合がさらにヘテロリシスで切断し，C-2 側の電子対が C-1 の正電荷に渡されてあらたに C-1, C-2 間に二重結合が生成するとエチレン分子ができる．エチレンはもちろん中性分子なので検出はできない．

一方，電子対を奪われた C-3 を含むフラグメントは $CH_3–CH_2^+$ すなわちエチルカチオンであり，m/z 29 にピークを与える．この場合は，もとのカチオンのフラグメンテーションであらたにカチオンと中性分子が生成し，カチオンだけが検出されたことになる（**図1.17**）．

図1.17 カチオンのヘテロリシスによるカチオンと中性分子生成

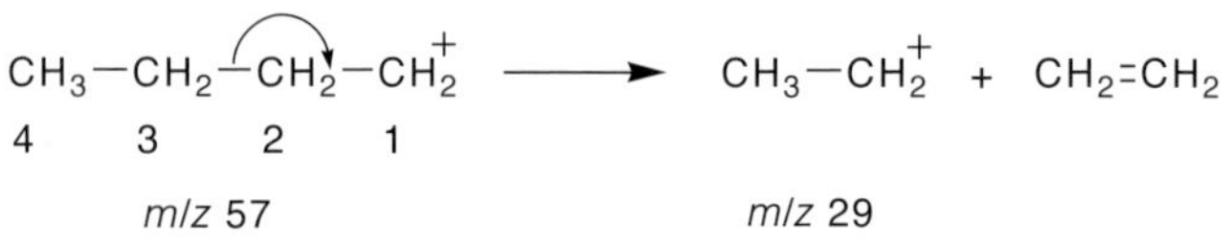

$$CH_3–CH_2–CH_2–CH_2^+ \longrightarrow CH_3–CH_2^+ + CH_2=CH_2$$
$$4321$$
$$m/z\ 57 m/z\ 29$$

フラグメンテーションにおける注意点

以上をまとめると，分子イオンのラジカルカチオンがホモリシスあるいはヘテロリシスで分解すると，ラジカルとカチオンを生成し，生成したカチオンは場合によってさらにヘテロリシスによってカチオンと中性分子になる．

注意が必要なのは，フラグメンテーションが起こったときに正電荷が残るのは必ず片方のフラグメントだけだということだ．たすともとの分子イオン質量になる2種のフラグメントイオンが観測されることがあるが，それは1個の分子イオンの開裂で両フラグメントイオンが同時に生成したわけではなく，2個の分子イオンがそれぞれ異なる様式のフラグメンテーション（電子の移動）をしてできたものである．つまり，フラグメントイオンの個数分だけ分子イオンの開裂が必ず起こっている．

1-ブロモブタンの例でも，m/z 29 と m/z 107 (109) にフラグメントイオンがみられ，両者をたすとちょうど分子イオン質量 136 (138) になるが，この両イオンは同じ分子イオン由来ではなく，m/z 29 はさきに述べたように C-2, C-3 間結合が C-2 が−，C-3 が＋になるようにヘテロリシスして生成したエチルカチオンによるものであり，m/z 107 (109) は同じ結合がホモリシスで切れて C-2 の不対電子と臭素上のラジカルとで結合をつくった三員環ブロモニウムカチオンに由来する．つま

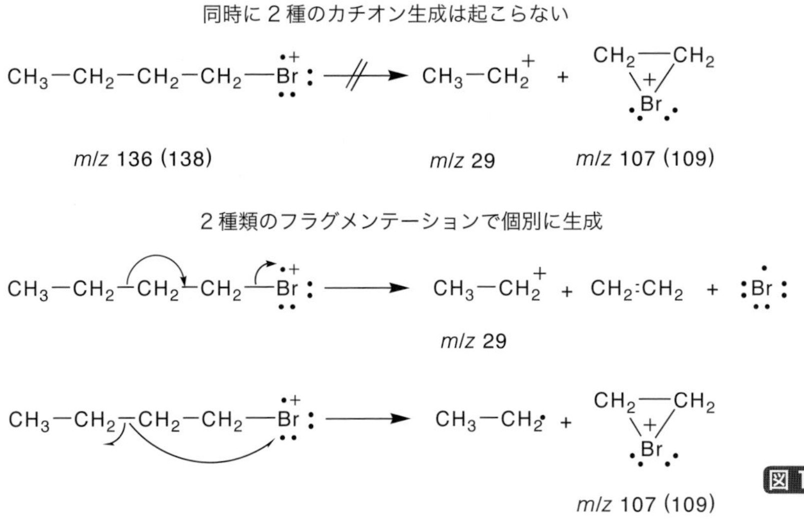

同時に 2 種のカチオン生成は起こらない

$CH_3-CH_2-CH_2-CH_2-\overset{\cdot+}{\underset{\cdot\cdot}{Br}}: \quad \not\longrightarrow \quad CH_3-CH_2^+ \quad + \quad \underset{\underset{\cdot\cdot}{Br}}{\overset{CH_2-CH_2}{\underset{+}{|}}}\cdot\cdot$

m/z 136 (138)　　　　　　　*m/z* 29　　　　*m/z* 107 (109)

2 種類のフラグメンテーションで個別に生成

$CH_3-CH_2-CH_2-CH_2-\overset{\cdot+}{\underset{\cdot\cdot}{Br}}: \quad \longrightarrow \quad CH_3-CH_2^+ \quad + \quad CH_2\text{:}CH_2 \quad + \quad :\overset{\cdot\cdot}{\underset{\cdot\cdot}{Br}}\cdot$

　　　　　　　　　　　　　　　m/z 29

$CH_3-CH_2-CH_2-CH_2-\overset{\cdot+}{\underset{\cdot\cdot}{Br}}: \quad \longrightarrow \quad CH_3-CH_2\cdot \quad + \quad \underset{\underset{\cdot\cdot}{Br}}{\overset{CH_2-CH_2}{\underset{+}{|}}}\cdot\cdot$

　　　　　　　　　　　　　　　　　　　　　　m/z 107 (109)

図 1.18 複数のフラグメンテーションの同時進行

りまったく生成機構の異なる 2 種類の反応に由来する無関係なフラグメントであり，たまたま和が分子イオン質量になっているにすぎない（図1.18）．

再び窒素ルール

　ここで窒素ルールをちょっと思いだそう．窒素を含まないか偶数個含む分子の分子イオン質量は必ず偶数になる．1-ブロモブタンの分子イオンは *m/z* 136 だ．さてこのラジカルカチオンがホモリシスあるいはヘテロリシスでラジカルとカチオンにフラグメント化するとどうなるだろう．答えはいずれも奇数質量のフラグメントになる．

　ラジカルあるいはカチオンは原子価が満たされていない化学種なので，偶数分子量分子からは奇数フラグメント，奇数分子量分子からは逆に偶数フラグメントといずれもフラグメント化によって偶数奇数の逆転が起こる．

　これに対してさきのブチルカチオン（*m/z* 57）からエチレン（m.w. 28）が脱離してエチルカチオン（*m/z* 29）が生成する例では，奇数フラグメントから奇数フラグメントが生成している．これは脱離するのが中性分子（窒素を含まないときは偶数分子量）だからだ．つまり，分子イオンあるいはフラグメントイオンからラジカルが脱離するときは偶数奇数の逆転が起こり，中性分子脱離が起こるときは逆転が起こらない，ということになる．

　窒素ルールはフラグメントイオンについても有効で，この場合，フラグメントイオンは偶数奇数が逆転したカチオン種なので，中性分子（あ

るいはラジカルカチオン）とは逆になり，奇数質量フラグメントは窒素を偶数個含み，偶数質量フラグメントは奇数個含むことになる．

> **フラグメントについての窒素ルール**
> 奇数質量フラグメント　→　窒素を偶数(0, 2, 4,...)個含む
> 偶数質量フラグメント　→　窒素を奇数(1, 3, 5,...)個含む

ただし窒素を含む分子では，窒素を含むユニットが脱離すると偶数奇数の逆転が起こらないのでちょっと注意する必要がある．もちろんこの場合も窒素ルールは有効である．

中性分子の脱離が分子イオンから直接起こる例もあり，その場合，窒素を含まない分子のときは偶数分子イオンから偶数フラグメントイオンが生成する．通常，偶数分子イオンからのフラグメントイオンは奇数となるから，偶数フラグメントイオンは特徴的であり，水，二酸化炭素，一酸化炭素，エチレンなどの低分子化合物の脱離による偶数フラグメントの生成は構造解析上有用なことが多い．

また，塩素，臭素のような特徴的な同位体組成をもつ原子を含むフラグメントはやはり同じ同位体ピークを与えるから，フラグメントがこれらの原子を含むか含まないかが容易にわかる．1-ブロモブタンでは，分子イオン m/z 136 (138) のほかに，m/z 93 と m/z 107 のフラグメントにも2ユニット大きい同位体ピークがみられており，これらのフラグメントイオンが臭素原子を含むフラグメントであることが一目瞭然である．

フラグメンテーションの一般則

フラグメンテーションでは無差別に結合が切れるわけではなく，そこには法則性がある．分子イオンはラジカルカチオンであり，中性分子の結合開裂とはちょっと違った開裂パターンを示すが，基本的には有機化学のなかのカチオンやラジカルの反応，安定性，性質で理解できる部分が多い．以下に，典型的なフラグメンテーションの例をいくつかあげよう．

1．分枝位置は切れやすい

前にあげた分子イオンの安定性の順列で直鎖分枝＞分枝分子というのがあった．枝分れした分子はその枝の位置でフラグメンテーションを起こしやすいからである．たとえばペンタン C_5H_{12} の例では，直鎖のペンタン，枝分れした 2-メチルブタン（イソペンタン）ともに基準ピークは m/z 43 だが，ペンタンでは分子イオン (m/z 72) の相対強度は 17 %，

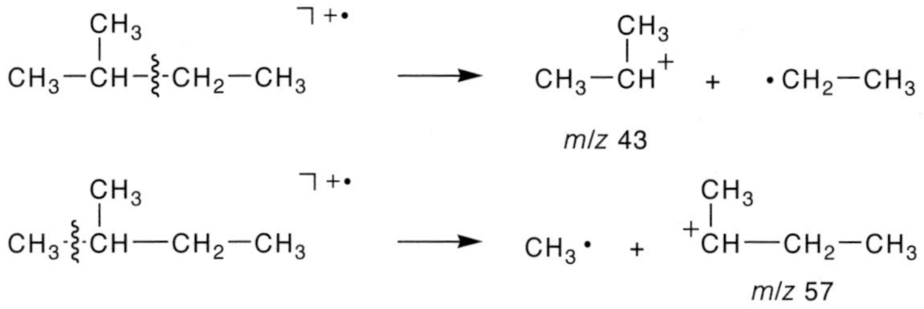

$$\left[CH_3-CH(CH_3)-CH_2-CH_3\right]^{+\bullet} \longrightarrow CH_3-CH^+(CH_3) + {}^\bullet CH_2-CH_3$$
$$m/z\ 43$$

$$\left[CH_3-CH(CH_3)-CH_2-CH_3\right]^{+\bullet} \longrightarrow CH_3{}^\bullet + {}^+CH(CH_3)-CH_2-CH_3$$
$$m/z\ 57$$

図1.19 枝分れ位置は切れやすい

$C_4H_9^+$ に相当する $m/z\ 57$ の相対強度は20％であるのに対し，イソペンタンでは $m/z\ 72$ が16％に対して，$m/z\ 57$ が94％と $C_4H_9^+$ のフラグメントの生成量がとても多い．これは，分枝位置で開裂が起こってメチルラジカルが脱離し，二級ブチルカチオンが生成しやすいことによる．有機化学で習ったカルボカチオンの安定性の順序を思いだそう．カルボカチオンの安定性は級数の順に三級＞二級＞一級＞メチルとなる（コラム参照）．ペンタンからメチルラジカルが脱離して生成する一級ブチルカチオンよりも級数の高い二級カチオンのほうがはるかに安定性が高いため，結果的にこの位置が切れやすい．枝分れ分子では分枝位置が開裂すると二級あるいは三級カチオンが生成するために，一級カチオンしか生成できない直鎖分子より切れやすいわけだ（**図1.19**）．

コラム カルボカチオンの級数と安定性

有機化合物の安定性を考えるときに重要なポイントの一つは，電荷（電子）の非局在性だ．炭素は電気的に中性な原子なので，炭素上のカチオン，カルボカチオンはそう安定なものではない．しかし炭素上の正電荷を中和するように電子を供給するようなメカニズムがあれば，安定化することができる．アルキル基は電子供与性をもつので，カチオンをもった炭素にアルキル基が3個置換した三級カチオン，2個の二級カチオン，1個の一級カチオンを比較すると，前者ほど安定性が高い．

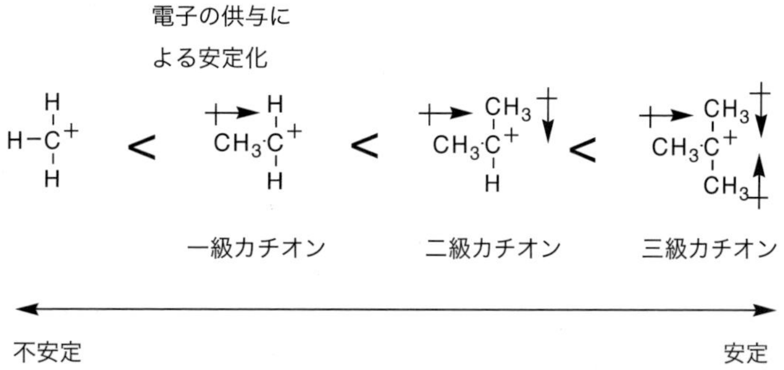

電子の供与による安定化

$H_3C^+ < CH_3-CH_2^+ < (CH_3)_2CH^+ < (CH_3)_3C^+$

　　　　　一級カチオン　　二級カチオン　　三級カチオン

← 不安定　　　　　　　　　　　　　安定 →

2. 二重結合のアリル位は切れやすい

級数の高いアルキルカチオンは安定性が高いために、それを生成するような分枝位置が切れやすいのと同じ考え方で、やはり安定なカチオンであるアリルカチオン（R–CH=CH–CH$_2^+$）を生成するような位置の開裂も起こりやすい．すなわち二重結合の一つおいた隣の結合の開裂がそうだ（コラム参照）．

官能基あるいはヘテロ原子からへだてた結合の本数によって近い順にα位、β位、γ位と記号をつけることがよくあるが、この場合二重結合のβ位の結合開裂なのでβ開裂とよばれる．この一つおいた隣が切れるβ開裂はほかの官能基でもよくでてくる特徴的なパターンで、前にでてきた1-ブロモブタンでのC-1、C-2間開裂もその一つである．

アルケンの場合のβ開裂とならんで、ベンゼン環からのβ位の開裂によるベンジルカチオン生成も非常に特徴的な開裂の一つだ．これも生成するベンジルカチオンが共鳴によって安定化されているために生成しやすい（図 1.20）（ベンジルカチオンの構造は後述のように実際は転位した別の構造をしている）．

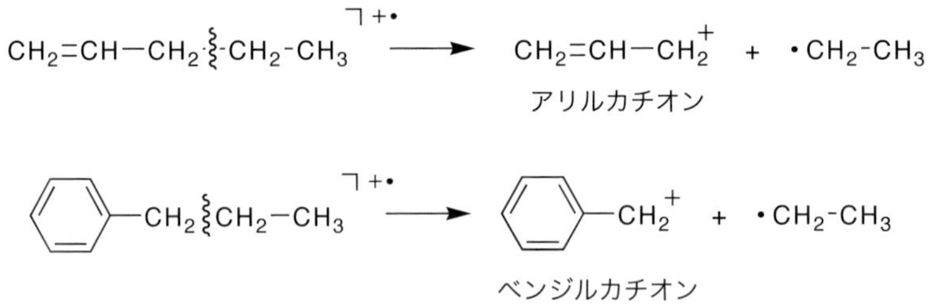

図 1.20 アリル位、ベンジル位は切れやすい

3. ヘテロ原子のβ位結合は切れやすい

エーテル、ケトン、アルコール、エステル、アミン、ハロゲン化物など有機化合物の官能基は酸素、窒素、ハロゲンなどのヘテロ原子を含む

コラム

アリルカチオンの安定性

二重結合の隣の炭素上のカチオンはアリルカチオンといい、π電子の移動による共鳴によって電荷が非局在化できるため、安定になる．同じ理屈で、非共有電子対をもつヘテロ原子（酸素、窒素、ハロゲンなど）の隣の炭素上のカチオンも非共有電子対電子の移動による共鳴によって電荷が非局在化できるため、やはり安定化する．これがフラグメンテーションでβ開裂が起こりやすい理由だ．

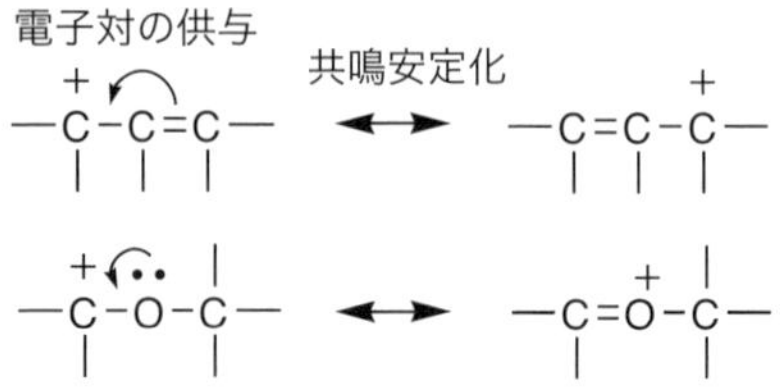

電子対の供与　　共鳴安定化

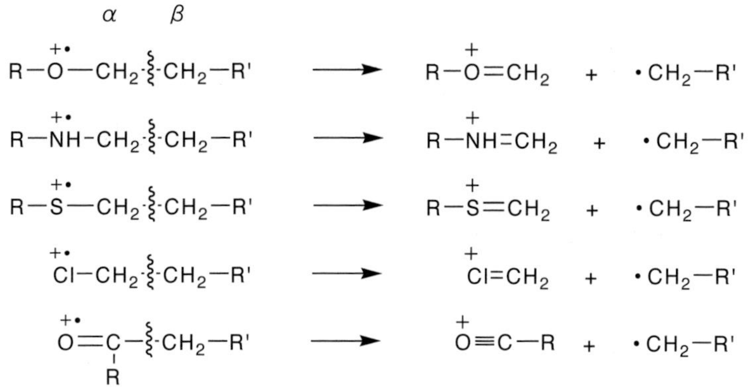

$$R-\overset{+\bullet}{O}-CH_2\text{-}\xi\text{-}CH_2-R' \longrightarrow R-\overset{+}{O}=CH_2 + \bullet CH_2-R'$$

$$R-\overset{+\bullet}{NH}-CH_2\text{-}\xi\text{-}CH_2-R' \longrightarrow R-\overset{+}{NH}=CH_2 + \bullet CH_2-R'$$

$$R-\overset{+\bullet}{S}-CH_2\text{-}\xi\text{-}CH_2-R' \longrightarrow R-\overset{+}{S}=CH_2 + \bullet CH_2-R'$$

$$\overset{+\bullet}{Cl}-CH_2\text{-}\xi\text{-}CH_2-R' \longrightarrow \overset{+}{Cl}=CH_2 + \bullet CH_2-R'$$

$$\overset{+\bullet}{O}=\underset{R}{C}-\xi\text{-}CH_2-R' \longrightarrow \overset{+}{O}\equiv C-R + \bullet CH_2-R'$$

図 1.21 ヘテロ原子の β 位は切れやすい

ものがほとんどである．そのヘテロ原子から2本目の結合の開裂，すなわち β 開裂も有用性の高いフラグメンテーションパターンだ．さきの臭素化物の例は説明したとおりだし，エーテルでは酸素上のラジカルカチオンの β 開裂によって $R-O^+=CH_2$ 型のカチオンが生成する．

ヘテロ原子は共鳴効果によって供給できる非共有電子対をもっており，隣接部位のカチオンを安定化できることが，その隣の結合の切れやすい原因である．ケトンなどのカルボニルでも同様に酸素原子からの β 結合，すなわちカルボニル炭素の隣の結合が切れて安定なアシリウムイオン（$R-C\equiv O^+$）ができやすい．このアシリウムイオンは有機化学を学んだ人ならフリーデル-クラフツアシル化反応での求電子種だったことを思いだすだろう（**図 1.21**）．

なお，カルボニルの α 水素のようなよび方があり，ケトンからアシリウムイオンが生成する開裂はその場合は α 開裂に相当するが，有機化学では通常カルボニルという官能基からの隣接位を α 位とよぶので，この場合のマススペクトルでいうヘテロ原子（カルボニル酸素）から数える数え方とは違う（一つずれる）ので注意してほしい．

4．安定な中性分子の放出

中性分子の脱離も特徴的なフラグメンテーションパターンの一つだ．水，二酸化炭素，一酸化炭素，アンモニア，シアン化水素などの脱離がそれに相当する．アルコールからの脱水ピークが $[M-18]^+$ にフェノールからの脱カルボニルピークが $[M-28]^+$ にあらわれるなど多数の例がある．

アルコールの脱水反応によるアルケン生成は基本的な有機化学の脱離反応だが，マススペクトルでのフラグメンテーションにおける脱水反応は，後に述べるようにそれとはかなり異なる機構で進行する．また，フェノールからの脱カルボニル反応も一般的な有機化学反応では予想できない反応で，互変異性体であるケト形（シクロヘキサ-2,4-ジエノン）から

図1.22 フェノールの脱カルボニル反応

COの脱離と再閉環でシクロペンタジエンになる反応である(**図1.22**)．

5．分子内転位1　1,2-シフト

さきに説明したように，マススペクトルのフラグメンテーションでは転位反応が起こることがある．1,2-シフトはある原子あるいは原子団が隣の原子に移動する転位で，カルボカチオンでのヒドリド転位などでおなじみのやつだ．たとえばプロピルカチオンの2位の水素が結合電子対ごと(すなわちヒドリド H^- として)1位のカチオン炭素に転位して正電荷が2位に移動する．この場合の転位の原動力は生成するイソプロピルカチオンが二級カチオンであり，もとの一級プロピルカチオンよりも安定性が高いことによる．マススペクトルにおいてもこの種の転位が起こるが，この1,2-シフト型は転位前後で質量の変化をともなわないため，実際には気づきにくい場合も多い．

この転位でもっとも有名なのはベンジルカチオンからトロピリウムカチオンへの転位だろう．前にでてきたように，ベンジルカチオンはもともと安定なカチオンであるが，実際の $C_7H_7^+$ イオンの形は六員環骨格が水素の移動をともなう環拡大転位をして七員環を形成したシクロヘプタトリエニルカチオン型であることがわかっている．このカチオンをトロピリウムイオンという．トロピリウムイオンはベンゼン環をもたないが，6電子系の七員環カチオンなのでヒュッケル則を満たし芳香族性(コラム参照)を示すたいへん安定なカチオンなのである(**図1.23**)．

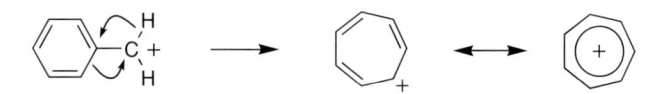

図1.23 ベンジルカチオンの転位

ベンジルカチオン　　　　トロピリウムカチオン
m/z 91

6．分子内転位2　McLafferty転位

もう一つ有名な転位反応をあげよう．マススペクトルの有名な研究者であるMcLaffertyの名を冠した転位がそれである．これはカルボニルのような π 結合の γ 位の水素の引き抜きにともなうアルケンの脱離反応だ．反応は**図1.24**のような六員環遷移状態を経て進行する．γ 位水素はちょうど分子内でカルボニル酸素から6番目の位置にくるため，分子内でこの水素の引き抜きが起こり，電子の協奏的な移動によって $\alpha\beta$ 間の結合が開裂し，$\beta\gamma$ 間に二重結合が生成したかたちのアルケンが脱

図1.24 McLafferty転位

離する．

　結果的に中性分子であるアルケンが脱離するので，この転位によるフラグメントイオンは偶数→偶数（奇数→奇数）タイプとなり，特徴的だ．ケトン，アルデヒド，カルボン酸，エステルいずれも同様の転位が起こるし，またカルボニル以外に単なるアルケンの二重結合でも起こる．またこのアルケン自体がベンゼン環の一部でもよい．この場合はアルキルベンゼンのγ位プロトンの引き抜きが起こる．このようにMcLafferty転位はとても応用範囲の広い転位反応である．

フラグメンテーション各論

1．炭化水素

　鎖状の炭化水素はメチレン（CH_2）単位ずつ違う一連のフラグメントが14マスユニット間隔であらわれる．長鎖炭化水素ではC_3H_7（m/z 43），C_4H_9（m/z 57）の強度が強く，それより長いフラグメントの強度は減少する．通常は末端のC_1脱離によるM－15は見えにくい．図1.25にトリデカンのスペクトルを示す．

コラム

芳香族性

　芳香族性とは環状に共役したπ電子系で，電子数が4で割り切れない偶数個（2, 6, 10…）のときに共鳴安定化することをいう．代表的な例がベンゼンで6π電子系に相当する．電子数が重要なのであって，環を構成する原子数は過不足があってもよい．すなわち，五員環のアニオンや七員環のカチオンはいずれも6電子となり安定なイオンになる．これに対し，電子数が4で割り切れる偶数（4, 8, 12…）のときは反芳香族性といい，共鳴することにより不安定化する．

6電子芳香族性分子（イオン）

ベンゼン　　　シクロペンタジエニル　　シクロヘプタトリエニル
　　　　　　　アニオン　　　　　　　　カチオン
　　　　　　　　　　　　　　　　　　　（トロピリウムイオン）

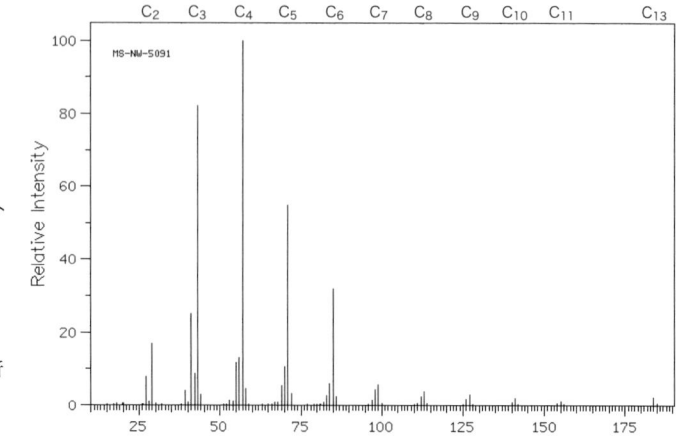

図 1.25 トリデカンのマススペクトル

独立行政法人産業技術総合研究所SDBSより許可を得て転載.

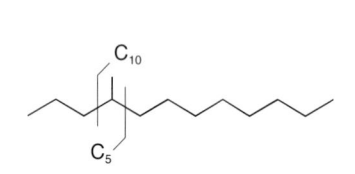

図 1.26 4-メチルドデカンのマススペクトル

独立行政法人産業技術総合研究所SDBSより許可を得て転載.

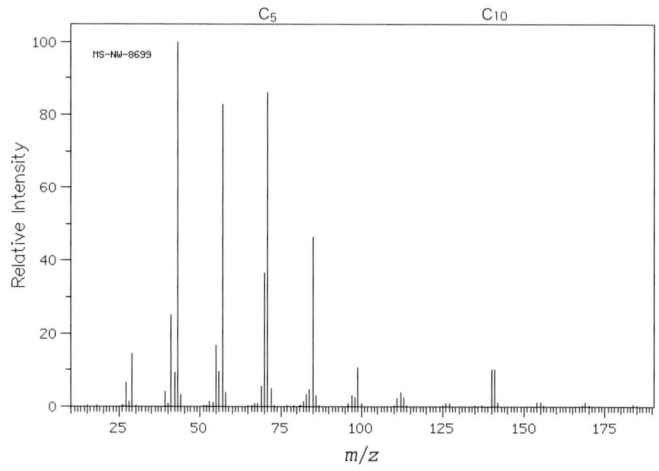

　分枝炭化水素では，分枝位置で切れた級数の高いカチオンが生成しやすく，分枝位置の決定に有効である．4-メチルドデカンのスペクトル（**図 1.26**）を直鎖のトリデカンと比較すると，C_5 および C_{10} のフラグメントの強度が大きいことに気づく．これはメチル分枝のそれぞれ両側で切れたフラグメントに相当すると考えられるから，メチル基の分岐位置は短いほうから4番目，長いほうから9番目，すなわち4位とわかる．官能基をもたない鎖状炭化水素の分枝位置の決定はほかの方法では困難であり，質量分析の威力が発揮できる好例だ．

　アルケンでは二重結合の β 位で切れやすいほか，McLafferty 転位が起こってアルケンが脱離した偶数質量ピークが生成する．2-メチルヘキセン（**図 1.27**）ではプロペンが脱離した m/z 56 が基準ピークになっている．

　安定なベンゼン環をもつ芳香族炭化水素は概して分子イオンピークが強くあらわれる．またアルキルベンゼンではベンジル位で開裂した

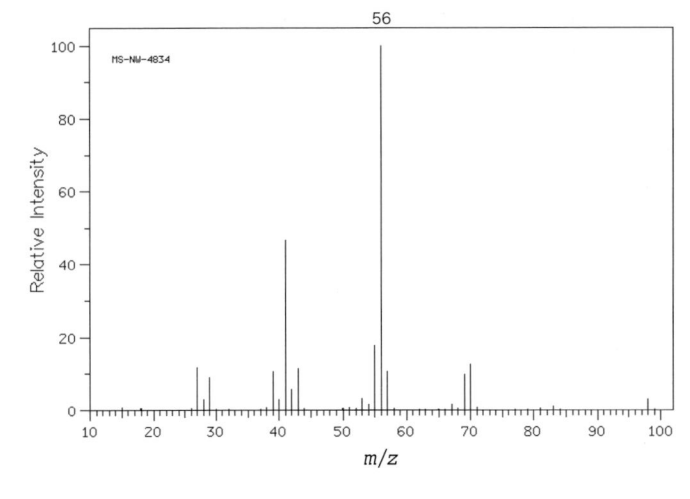

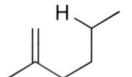

図 1.27 2-メチルヘキセンの
マススペクトル
独立行政法人産業技術総合研究所 SDBS
より許可を得て転載.

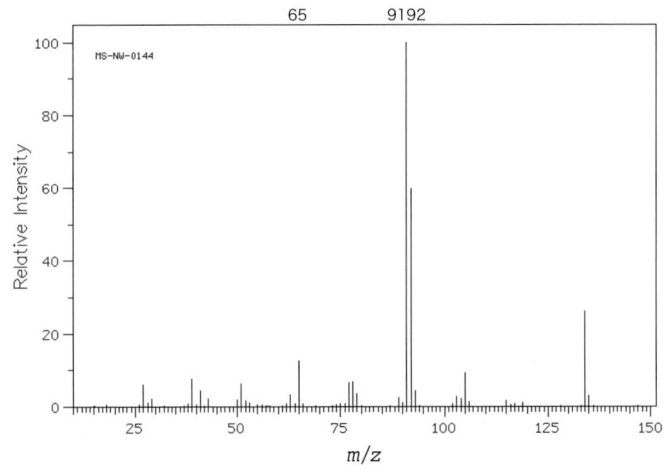

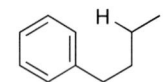

図 1.28 ブチルベンゼンの
マススペクトル
独立行政法人産業技術総合研究所
SDBS より許可を得て転載.

トロピリウムイオン（m/z 91）が多くの場合，基準ピークになる．またトロピリウムイオンからアセチレン（CH≡CH）の脱離と再閉環によってできるシクロペンタジエニルカチオン（$C_5H_5^+$）m/z 65 がともなってみられることが多い．また m/z 92 のピークは γ 位水素が転位して生成した McLafferty 型イオンである．ブチルベンゼンのスペクトルを**図 1.28**に示す．

2．アルコール

アルコールは分解しやすく，通常分子イオンピークは小さい．また分枝分子は切れやすいため，級数が高いアルコールほど分子イオンは小さい．酸素の β 位の開裂，すなわちアルコールの根元の炭素についている置換基の脱離が起こりやすい．1-ブタノール（**図 1.29**）ではプロピル基の脱離による $CH_2=O^+-H$ が m/z 31，2-ブタノール（**図 1.30**）ではエチル基の脱離による $CH_3CH=O^+-H$ が m/z 45，2-メチル-2-プロパノー

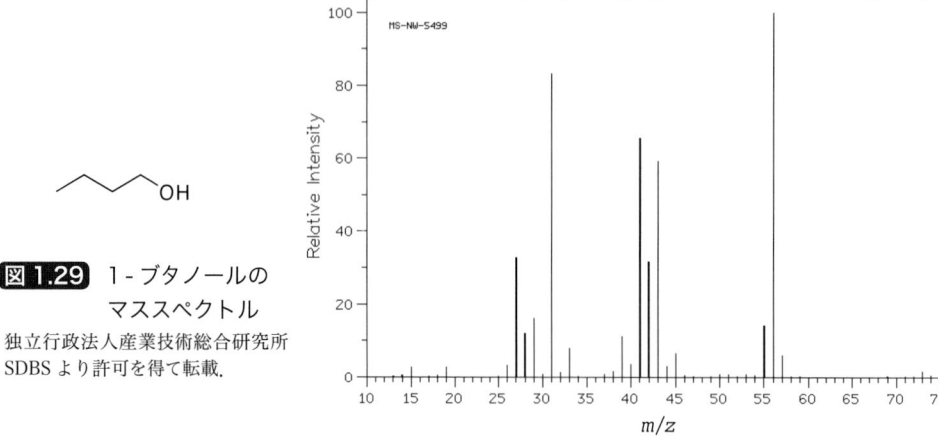

図1.29 1-ブタノールのマススペクトル
独立行政法人産業技術総合研究所SDBSより許可を得て転載.

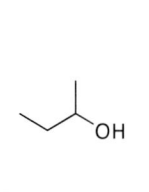

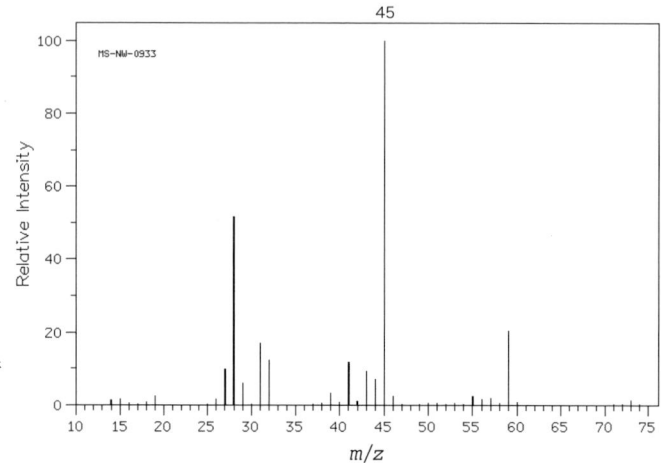

図1.30 2-ブタノールのマススペクトル
独立行政法人産業技術総合研究所SDBSより許可を得て転載.

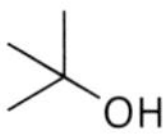

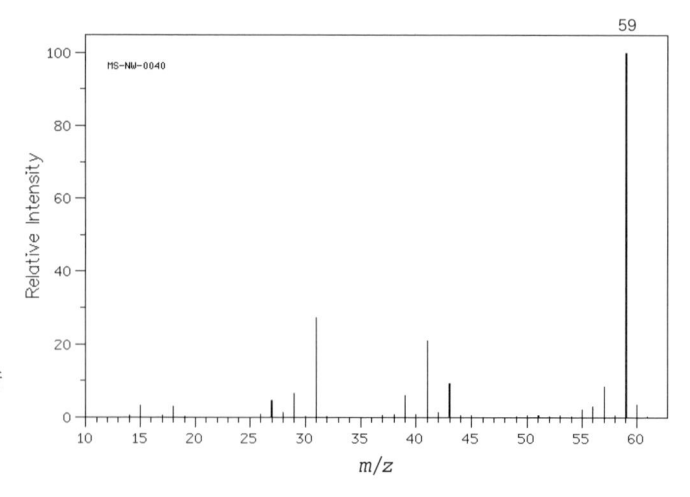

図1.31 2-メチル-2-プロパノールのマススペクトル
独立行政法人産業技術総合研究所SDBSより許可を得て転載.

ル(**図1.31**)ではメチル基脱離による$(CH_3)_2C=O^+-H$がm/z 59にそれぞれあらわれる.

また，三級アルコール以外では$[M-1]^+$イオンがあらわれるこ

とがあるが，これはアルコールの根元の炭素上の水素の脱離による $RCH=O^+-H$ 型のカチオンであり（すなわち β 開裂の一種），ヒドロキシ基の水素の脱離によるものではないことに注意しよう．アルコール性水素は酸性度が高いので H^+ として容易に解離するが，水素ラジカルの脱離は通常アルコールの根元の炭素上から起こる．OH の結合開裂エネルギーと CH のそれを比較しても OH の開裂が不利なのは明らかである．

また水の脱離による M − 18 のイオンが生成することもアルコールの大きな特徴である．このとき，通常の脱水反応のように隣接炭素上の水素が脱離してアルケンが生成するのではなく，アルコール酸素がちょうど五，六員環を形成できる位置（γ 位あるいは δ 位）のアルキル水素を引き抜き，水の脱離とともに環状炭化水素型フラグメントを生成するのが変わっているところだ．したがって遠方に水素のない短鎖アルコールでは脱水ピークがみられない．1-ブタノールでは γ 位の C3 のメチレン水素が引き抜かれて脱水ピーク $[M − 18]^+$ が m/z 56 にあらわれるのに対し，2-ブタノールでは γ 位の C4 水素はメチルであるため引き抜かれにくく（一級ラジカルになる），後者には脱水ピークがほとんどみられない（**図 1.32**）．

図 1.32 アルコールの γ 位，δ 位水素の引き抜きによる脱水フラグメント生成

3．ケトン，アルデヒド

ケトンやアルデヒドはカルボニルの隣の結合が開裂してアルキル基が脱離した $R–C^+=O$（$R–C≡O^+$）型のアシリウムイオンを生成する．これ

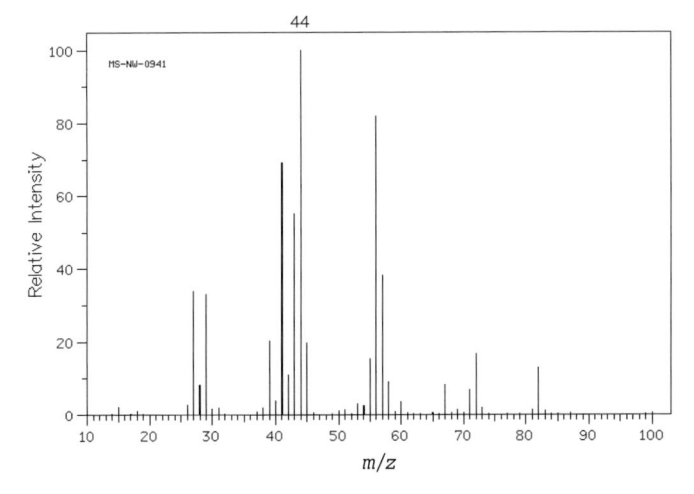

図 1.33 ヘキサナールのマススペクトル
独立行政法人産業技術総合研究所 SDBS より許可を得て転載．

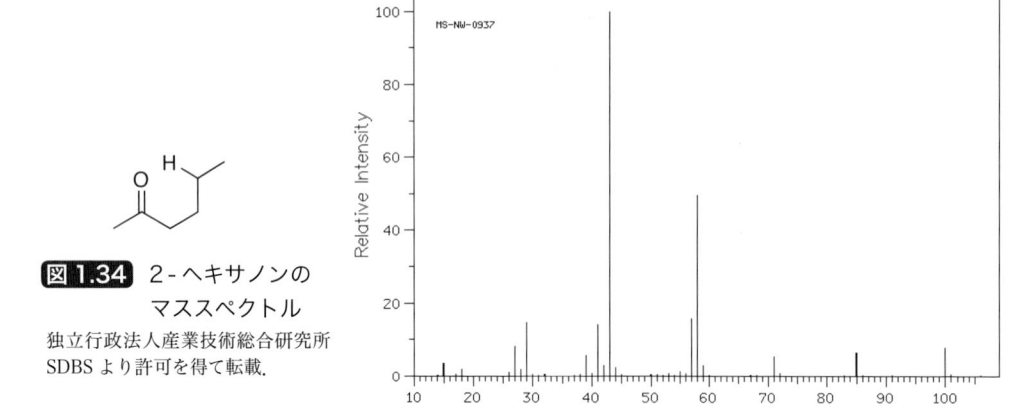

図1.34 2-ヘキサノンの
マススペクトル

独立行政法人産業技術総合研究所
SDBSより許可を得て転載.

は前述のようにカルボニル酸素からみたβ開裂に相当する．アルデヒドでみられる特徴的な[M－1]イオンはアルデヒド水素の脱離によるものだ．

また，カルボニルからγ位に水素をもつ鎖状分子では鎖状アルデヒドではm/z 44，メチルケトンではm/z 58などのMcLafferty転位フラグメントがみられる．

ヘキサナールと2-ヘキサノンのマススペクトルを示す（**図1.33, 34**）．

4．エステル，カルボン酸

エステルではケトンのアルキル脱離に相当するアルコキシ基脱離でやはり安定なアシリウムイオンが生成する．また，カルボン酸側の鎖が伸びている場合は，McLafferty転位が起こる．生成する転位イオンはメチルエステルでm/z 74，エチルエステルでm/z 88，カルボン酸でm/z

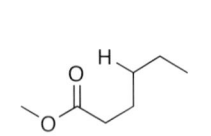

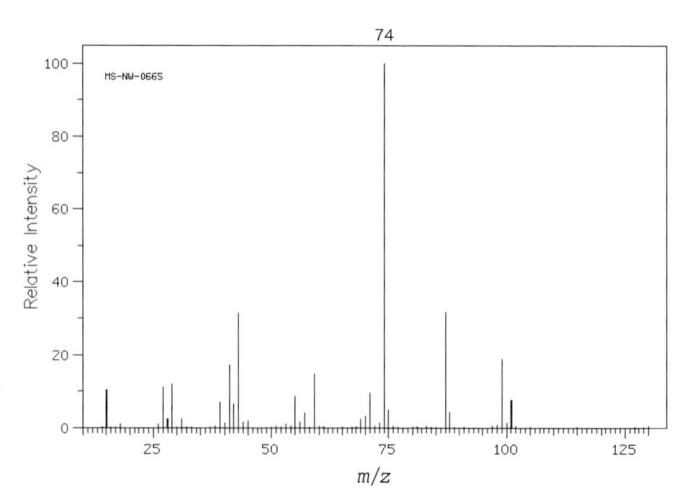

図1.35 ヘキサン酸メチル
のマススペクトル

独立行政法人産業技術総合研究所
SDBSより許可を得て転載.

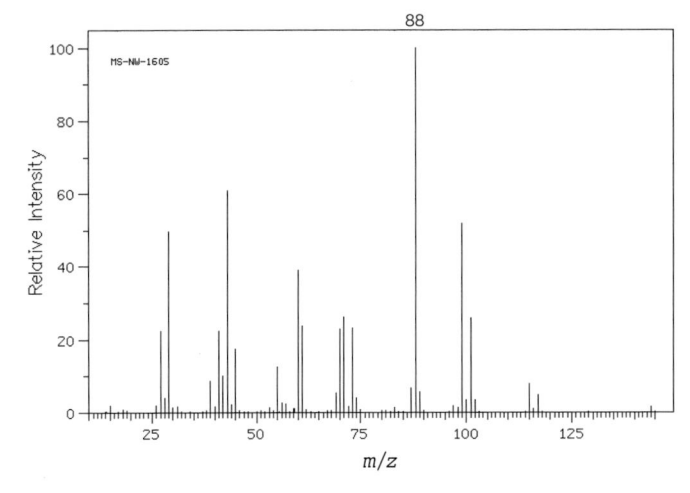

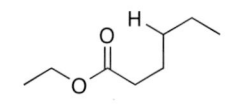

図1.36 ヘキサン酸エチルのマススペクトル
独立行政法人産業技術総合研究所SDBSより許可を得て転載.

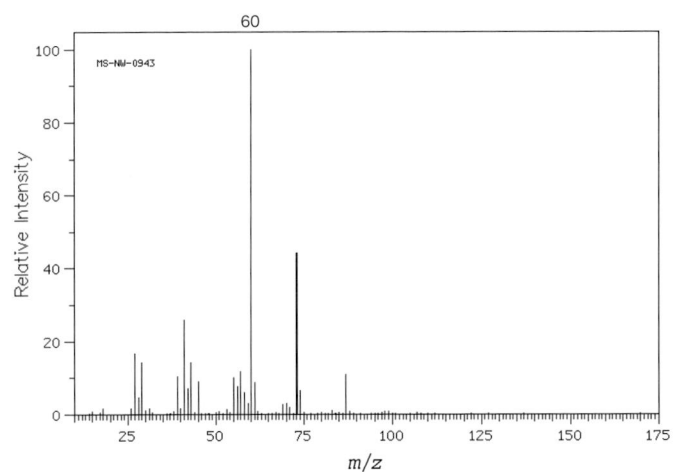

図1.37 ヘキサン酸のマススペクトル
独立行政法人産業技術総合研究所SDBSより許可を得て転載.

60と主鎖の違いにかかわらないきわめて特徴的なイオンが生成する.

ヘキサン酸メチル,ヘキサン酸エチルおよびヘキサン酸のマススペクトルを示す(**図1.35〜1.37**).

2

質量分析法

核磁気共鳴分光法

赤外分光法

紫外可視分光法

分子構造を決める手順

核磁気共鳴分光法とは

　核磁気共鳴分光法（nuclear magnetic resonance spectroscopy, NMR）は原子核の状態を調べる分析法である．原子核は陽子と中性子からできていて，陽子数あるいは中性子数のどちらかが奇数の原子核は磁気スピン（核スピン）をもっている．核の磁気スピンとは，ちょうど原子核が小さな磁石の性質をもっているようすをイメージするとよい．磁石を磁場中におくとその向きがそろうように，磁気スピンをもった原子核も磁場中で配向する性質がある．そのときに吸収するエネルギー状態を調べるのがNMR法だ．ついでながら，電子もスピンをもっていて，こちらは電子スピン共鳴（electron spin resonance, ESR）という手法で観測することができる．

　NMRで観測する原子核でもっとも身近なものは水素の ^1H 核であり，有機化学者が単にNMRといえば ^1H 核のNMRをさすことが多い．本章でも，まず ^1H のNMRを中心に話を進めることにしよう．しかし，NMRで観測できる原子核は ^1H 以外にもたくさんあり，有機化学領域では炭素の ^{13}C 核も重要な観測核である．**表2.1**に主要な原子核の性質をまとめた．

　質量分析法のところでみてきたように，^{13}C 核は天然存在比が約1%

表2.1　おもな原子核の性質

同位体	天然存在比	スピン量子数	11.7 Tにおける共鳴周波数(MHz)	磁気回転比 ($\times 10^8 kg^{-1} \cdot sec \cdot A$)	相対感度
^1H	99.99	1/2	500.000	2.675	1.00
^2H	0.01	1	76.753	0.411	1.45×10^{-6}
^{12}C	98.89	—	—		
^{13}C	1.11	1/2	125.721	0.673	1.76×10^{-4}
^{14}N	99.63	1	36.118	0.193	1.01×10^{-3}
^{15}N	0.37	1/2	50.664	-0.271	1.04×10^{-3}
^{16}O	99.76	—	—		
^{17}O	0.04	5/2	67.784	-0.363	1.08×10^{-5}
^{18}O	0.20	—	—		
^{19}F	100	1/2	470.385	2.518	0.83
^{28}Si	92.23	—	—		
^{29}Si	4.67	1/2	99.325	-0.532	3.69×10^{-4}
^{31}P	100	1/2	202.424	1.084	6.63×10^{-2}
^{32}S	95.02	—	—		
^{33}S	0.76	3/2	38.348	0.205	1.72×10^{-5}
^{35}Cl	75.53	3/2	48.991	0.265	3.55×10^{-3}

しかない．大多数の炭素原子は陽子数，中性子数とも偶数の ^{12}C であり，この核は核スピンをもたないため，NMR で観測することはできない．酸素原子の大部分を占める ^{16}O 核も同様だ．これに対し窒素原子は陽子数が奇数なので，^{14}N 核も ^{15}N 核も観測可能である．ただし，表にあるスピン量子数 I（原子核に固有の値で 0 または正の整数あるいは半整数 1/2, 3/2, 5/2, …をとる）が 1/2 より大きな核は核のまわりの電荷分布が非対称になり，NMR 観測のうえでいくらか問題になる．通常，有機化学で用いる ^1H 核と ^{13}C 核はどちらもスピン量子数が 1/2 なので，以後，本書では $I = 1/2$ として話を進めよう．

なお，^1H 原子核は水素イオン，すなわちプロトン（proton）そのものなので，^1H NMR のことをプロトン NMR といういい方をする．以前は PMR という略称を用いることがあったが，リン（phosphorus）の NMR とまぎらわしいので現在では用いられない．同様の理由で，炭素の ^{13}C NMR を CMR と略すのも避けるべきである．

ラーモア周波数

NMR の説明の最初のところに必ずでてくる関係式がラーモアの式だ．数式がでてくるとうんざりする人もいるかもしれないが，これはちっとも難しくないから心配はいらない．

原子核スピンは磁石の性質をもっているため，ふだんはランダムな向きを向いているが，ある磁場中におかれると磁石の N 極が北を向くように磁場の向きに平行に配向する．**図 2.1** の矢印 1 個が核スピン 1 個すなわち原子核 1 個をあらわしている．なお，これからの説明ではす

コラム

同位体の存在比

MS でも NMR でも同位体の存在が重要な意味をもつ．通常の有機化合物に含まれる炭素，水素，酸素，窒素ではそれぞれ主要同位体がほぼ 100% を占めるので大きな問題にはならないが，ほかの原子を扱う場合は注意しなければならない．一般に原子核は陽子数，中性子数とも偶数の核が安定であり，原子番号が偶数の原子は同位体が多く，奇数原子番号原子は単一同位体か多くても 2 種のものがほとんどである．陽子数，中性子数とも奇数にもかかわらず主要同位体となっている ^{14}N 核は例外中の例外であり，MS で窒素ルールが成り立つ原因となっている．

原子	H	He	Li	Be	B	C	N	O	F	Ne	Na	Mg	Al	Si	P	S	Cl	Ar
陽子数	1	2	3	4	5	6	7	8	9	10	11	12	13	14	15	16	17	18
最安定同位体中性子数	0	2	4	5	6	6	7	8	10	10	12	12	14	14	16	16	18	22
安定同位体数	2	2	2	1	2	2	2	3	1	3	1	3	1	3	1	4	2	3

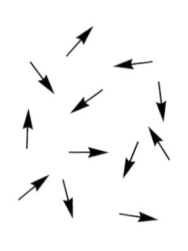

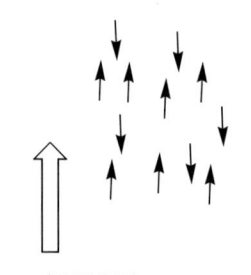

図 2.1 核スピンの向きの磁場による配向　　磁場なし　　　　H_0（外部磁場）

べて外部磁場は図の下から上向きに向いているものとする．

　磁石の場合はすべてN極が北を向くが，核スピンが磁石と違うのは，この外部磁場と平行な基底状態と逆平行な励起状態の二つのエネルギー準位に分裂することだ．つまり，N極が北を向いた状態（基底状態 α）と，南を向いた状態（励起状態 β）の二つの状態が混在した状態になる（**図 2.2**）．

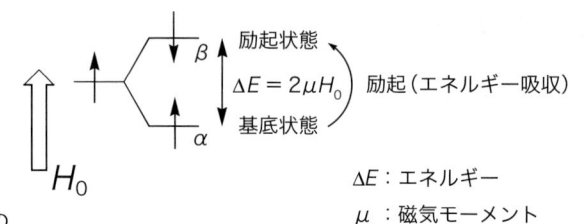

図 2.2 外部磁場による核スピンのエネルギー準位の分裂

ΔE：エネルギー
μ：磁気モーメント
H_0：外部磁場強度

　このとき，それぞれの状態の原子核の個数は，エネルギー準位が高く不安定な β 状態より，安定な α 状態のほうがほんの少しだけ多い．励起状態と基底状態のエネルギー差（ΔE）は磁気モーメント（μ）と外部磁場強度（H_0）の積の2倍であらわされ，電磁波を照射したときに，ちょうどこのエネルギーに相当する波長の電磁波の吸収が起こる．したがって吸収する電磁波のエネルギーの大きさは，同じ原子核ならその原子核がおかれた磁場強度に比例することがわかる．

　磁気モーメントは原子核に固有の定数である磁気回転比（γ）とスピン量子数（I），プランク定数（h）から次式で計算される．

$$\mu = \gamma \frac{hI}{2\pi}$$

　ここから，異なる原子核を同じ磁場中においた場合は，磁気回転比の大きい核のほうが大きなエネルギーの電磁波を吸収することもわかるだろう．ごく大ざっぱにいって，このエネルギーの大きさがNMRの感度を決定するといってよく，つまり外部磁場強度が高いほど，あるいは核

の磁気回転比が大きいほど，測定感度は高くなる．

しかしながら，いずれにしてもこのエネルギー差（ΔE）は非常に小さく，それを精密に観測するのはとても難しい．NMRがほかの分光法に比べてとても感度の低い方法であるという本質的な欠点は，この微弱なエネルギー差を観測しなければならない点にあるのだ．

さて，電磁波の波長とエネルギーの関係式から次の式が導かれる．

$$\Delta E = h\nu = 2\mu H_0 \quad \text{エネルギーの関係式}$$

$\mu = \gamma \dfrac{hI}{2\pi}$ を代入して

$$h\nu = 2\gamma \left(\dfrac{hI}{2\pi}\right) H_0$$

$I = 1/2$ を代入して

$$h\nu = \dfrac{h\gamma}{2\pi} H_0$$

$$\nu = \dfrac{\gamma H_0}{2\pi} \quad \text{ラーモアの式}$$

これがNMRの基本となるラーモアの式である．この式から周波数νは外部磁場H_0に比例することがわかる．このνに相当する周波数の電磁波のエネルギーがさきのαとβの差に相当するので，この周波数の電磁波を照射したときにエネルギーの吸収すなわち共鳴現象が起こる．これが核磁気共鳴ということばの意味だ．

一方，核スピンは小さなコマのようなものであり，外部磁場中では周波数νで，つまり1秒間にν回の速さで回転している．いうまでもなく，外部磁場が強くなればなるほど回転速度は比例して速くなる．このことはあとにでてくるFT-NMRの原理に大きくかかわっている．

NMRの分析計の説明やデータをのせるときに，必ず500 MHzとか125 MHzとかの周波数の表示がある．これがνの値だ．たとえば，外部磁場強度が11.7 T（テスラ，SI系の磁力単位）の磁場中に水素原子核をおいたときの値を計算してみよう．水素の磁気回転比は2.68×10^8なので，次のようになる．

$$\nu = \dfrac{2.68 \times 10^8 \ (kg^{-1} \times sec \times A) \times 11.7 \ (kg \times sec^{-2} \times A^{-1})}{2 \times 3.14}$$

$$= 5.00 \times 10^8 \ (sec^{-1})$$

$$= 500 \text{ MHz}$$

この場合，500 MHz の電磁波に相当するエネルギー吸収が起こることになる．電磁波のエネルギーは波長に反比例し，波長が短いほどエネルギーは大きい．波長の短い X 線や紫外線は大きなエネルギーをもつが，波長の長い赤外線やマイクロ波のエネルギーはそれらより格段に小さい．周波数(ν)は波長(λ)の逆数であり，次の関係がある．

$$\lambda \text{ (m)} = \frac{300}{\nu \text{ (MHz)}}$$

つまり，500 MHz の電磁波は波長になおすと 0.6 m の波ということになる．私たちの身のまわりでいうと，ちょうどテレビの受信周波数である VHF や UHF くらいの電波に相当する．エネルギー(E)は波長(λ)の長さに反比例し，次式で与えられる．

$$E \text{ (kcal/mol)} = \frac{28600}{\lambda \text{ (nm)}}$$

計算してみるとわかるように，500 MHz の電磁波のエネルギーは，たかだか 10^{-6} kcal/mol 程度にすぎない．より波長の短い電磁波の吸収を検出するほかの分光学的手法，紫外可視吸収スペクトル（波長 200 〜 800 nm，エネルギー 36 〜 143 kcal/mol）や赤外吸収スペクトル（波長 2.5 〜 25 μm，エネルギー 1 〜 11 kcal/mol）に比べると，いかに NMR が微弱なエネルギー差を測定する方法であるかがわかるだろう．

この共鳴周波数 ν は外部磁場強度と核固有の磁気回転比に依存する値だから，観測する原子核が違えば同じ外部磁場強度でも値は変わってくる．通常，分光計の仕様，すなわち磁石の強さをあらわすときは ^{1}H 核を観測するときの周波数であらわすならわしになっている．つまり 500 MHz の NMR 装置といえば 11.7 T の磁場強度の磁石をもつ分析計ということになる．^{13}C など違う核を測定する場合は磁気回転比の値が異なるので，同じ磁石を使っても周波数は異なることに注意しよう．500 MHz の装置で観測周波数が 500 MHz になるのは，あくまでも ^{1}H 観測のときだけである．

NMR 創生期には永久磁石を用いていたので 40 MHz とか 60 MHz などの低い磁力しか得られなかったが，現在，ほとんどの分光計は強力な超伝導マグネットを備えており，400 〜 600 MHz くらいの装置が一般的である．

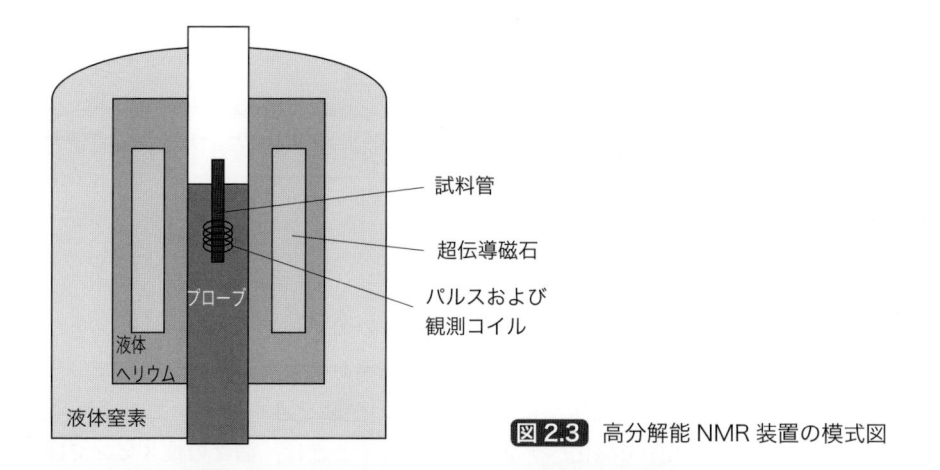

図 2.3 高分解能 NMR 装置の模式図

(図中ラベル: 試料管、超伝導磁石、パルスおよび観測コイル、プローブ、液体ヘリウム、液体窒素)

NMR 装置

　現在，有機化合物の構造解析に用いられている高分解能 NMR 装置には超伝導磁石が使われている(**図 2.3**)．超伝導磁石は液体ヘリウムで冷やされ，その外側をさらに液体窒素で冷却するという二重構造になっている．この磁石の真ん中に，パルス(電磁波)をだしたり信号を検出するコイルの入ったプローブを挿入し，そのコイルの内側に試料管がちょうど入るようになっている．全体は大きな釣鐘型をしており，磁場強度が大きくなるほど装置も大型になる．

　プローブは，試料管が挿入される中空部の外側に観測コイルやパルス用コイルが配置された金属製の筒状容器で，観測目的によって種別がある．試料からの微弱な信号を受信する NMR の心臓部であり，そのデザインがスペクトルの質を決定するといっても過言ではない．

　装置はこの磁石と，パルスを送ったり得られた信号を増幅したりする分光計，および全体を制御するコンピュータによって構成されている．

FT-NMR

　昔の NMR 装置は，連続波 (continuous wave, CW) NMR といって，文字どおり連続的に電磁波の周波数を変化させていき，吸収シグナルの観測をしていた．この方式では1回の周波数スキャンで1枚のスペクトルチャートが得られることになるため，感度の低い NMR では測定に大量の試料が必要であった．現在の分光計はすべて方式の異なるフーリエ変換型 NMR (Fourier transformation, FT-NMR) となっている．

　FT-NMR の原理を説明しよう．磁場中におかれた原子核は前述のように二つのエネルギー準位に分裂して存在している．このうち基底状態の上向き，すなわち外部磁場と平行な向きのスピンの数のほうが，その

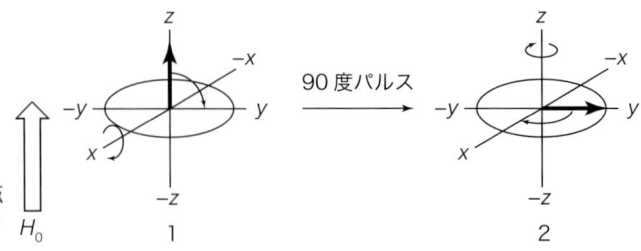

図2.4 磁化ベクトルに強い電磁波を照射して90度倒す

逆向きのスピンよりもやや多いので，すべての核スピンをたし合わせたトータルな磁化ベクトルは磁場方向すなわち上を向いている．その状態を三次元座標にあらわしたのが**図2.4**の1だ．このように，今後図の矢印で磁化ベクトルをあらわすときは，個々の核スピンではなく多数の核スピンの総和をベクトルであらわすことをおぼえておこう．

この状態で強いパルス状電磁波（以下，パルス）を照射して磁化ベクトル（核スピンの総体）をx軸まわりに90度倒してやる．すると2の状態になる．核スピンはその名のとおり高速で回転（スピン）しているから，パルス照射を受けて倒れた状態では，磁化ベクトルはxy平面上を高速で回転するようになる．この回転の周波数はさきほどのラーモア周波数に相当するから，11.7Tの磁場中では500 MHz，すなわち1秒間に5億回転というとほうもない速度になる．このようにxy平面上に向いている磁化ベクトルを，縦方向に向いている外部磁場と直交する向きなので横磁化という．

このときにx軸方向に観測コイルをおいて磁化ベクトルの回転運動を電気信号変化として観測する．$+y$方向へ倒れた時点のシグナル強度を$+1$とすると，90度回転して$+x$方向へ向いたときにはy成分は0となり，さらに90度回転して$-y$方向へ向くと-1，次の90度で$-x$方向へ向くとまた0，そして一回転するともとの$+1$にもどり，これを繰り返すことになる．すなわち円運動しているものを横から見ていることになるから，その変化は**図2.5**のようなcosine曲線となる．横軸は時間，縦軸は振幅で，500 MHzの振動数，すなわち1秒間に5億周期をもつ波形となる．

ただし，この曲線は仮想的な状態であり，実際には磁化ベクトルは永久にxy平面上を回り続けられるわけではない．パルス照射によって強

図2.5 磁化ベクトルの回転運動を観測して得られるcosine曲線

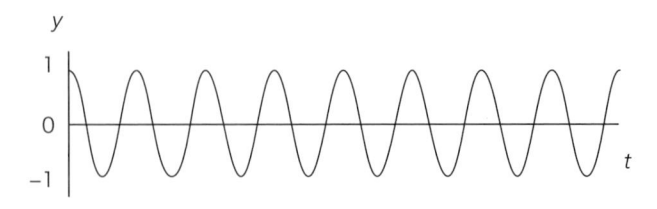

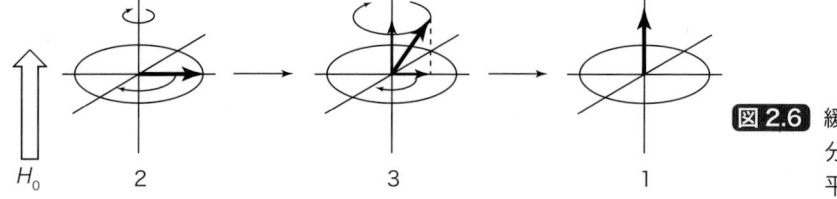

図 2.6 緩和によって横磁化成分がしだいに減少し熱平衡状態にもどる

制的に倒された磁化ベクトルは，時間とともにもとの熱平衡状態つまり外部磁場方向と平行で安定な z 方向向きにもどろうとする（**図 2.6**）．つまり，2からだんだん立ち上がって3のような状態を経て最終的に1へもどる．この過程を緩和（relaxation）という．つまり緩和というのは，パルス照射によって与えられたエネルギーをなんらかの方法で周囲に放出してもとの安定な熱平衡状態にもどる過程のことをさす．

観測コイルへの電気信号は z 方向成分，すなわち外部磁場と平行な縦方向の磁化（縦磁化）成分は検知できないので，途中の3の状態では，ベクトルを分解して得られた y 軸方向向きの横磁化成分だけが検知される．たとえば，ちょうど半分の45度もどった状態だと信号変化の最大値（振幅）は $\cos 45 = 1/\sqrt{2}$ となる．実際には磁化ベクトルの z 軸方向への復帰は連続的な過程だから，完全に z 軸方向へもどるまでの観測コイルへの信号は，だんだん強度（振幅）が小さくなり最終的にゼロになる $\cos$ 曲線ということになる（**図 2.7**）．

この形の信号をFID信号という．FIDはfree induction decay（自由誘導減衰）の略だ．余談だがガスクロマトグラフィーのもっともポピュラーな検出器にやはりFID（flame ionization detector）というのがあ

コラム 縦緩和と横緩和

パルスFT-NMRで観測できるのは90度パルスによって xy 平面上に倒れた磁化ベクトルだ．もともとは外部磁場の方向に平行に向いて安定化しているべきベクトルがエネルギー照射によって90度倒れた状態は不安定であり，エネルギーを外部に放出してもとの平行な向きに徐々にもどっていく．これを縦緩和という．それに対し，xy 平面上で位相がそろって回転している個々の原子核ベクトルの動きに微妙に遅速が生じて動きがランダム化してゆき，最終的にそれらが相殺されて xy 平面上のトータルの磁化ベクトルが消失するのを横緩和という．いずれの過程によっても信号は減衰する．

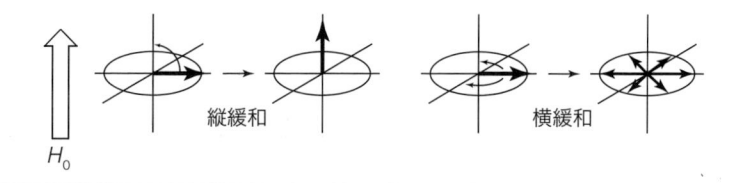

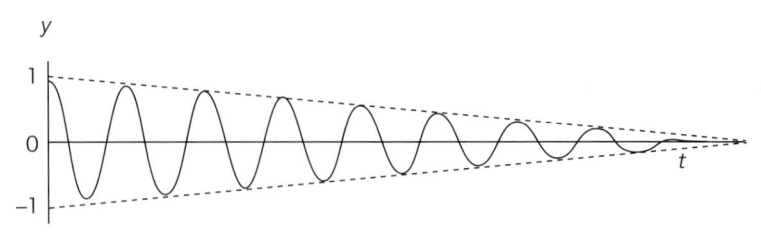

図 2.7 FID 曲線（減衰する cosine 曲線）

るので間違えないようにしてほしい．すなわち FID 信号は cosine 曲線であり，その周期(周波数)は磁化ベクトル(核スピン)の回転周波数に等しく，振幅(強度)は磁化ベクトルを縦方向(z 方向)と横方向(xy 平面方向)に分解した横方向成分のうちの y 成分の大きさに等しい．減衰の度合いつまり緩和の速さは，パルス照射によって与えられたエネルギーの放出による熱平衡状態へのもどりやすさ，ということになる．

　この FID の cosine 関数にフーリエ変換という数学的処理をすると，見慣れた NMR のチャートが得られる(**図 2.8**)．このとき，周波数はピークの横軸の位置，振幅はピーク強度，減衰度はピークの線幅に変換される．すなわち，フーリエ変換は FID の時間軸を周波数軸に変換する操作ということになる．これが FT-NMR の基本原理だ．

　FT-NMR のメリットは，なんといってもデータの積算が可能だということだ(**図 2.9**)．すなわち緩和によって熱平衡状態にもどった核スピンに再び同じパルスを照射してデータ取得を繰り返すことができる．通常は，FID の状態でデータをコンピュータのメモリに加算していき，最後にフーリエ変換を行う．試料由来のシグナルはいつも同じ信号を与えるのに対し，実験上のノイズはランダムにあらわれるので，データの積算を繰り返すと試料の信号がだんだん強くなる，すなわち S/N 比（シグナル／ノイズ比）が向上する．少ない試料でも積算を繰り返すことでシ

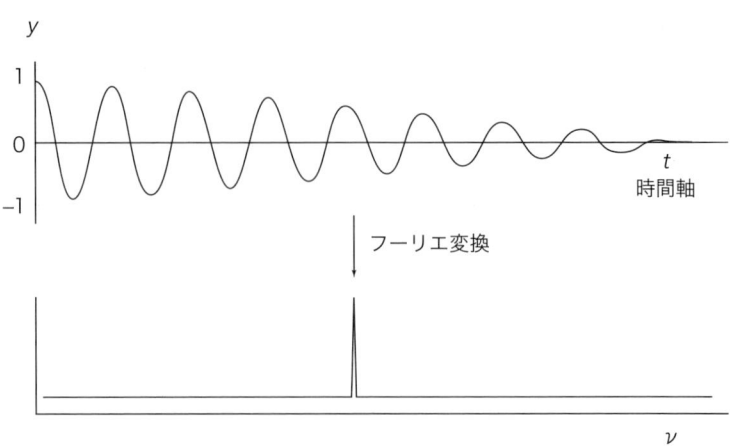

図 2.8 FID 曲線をフーリエ変換すると NMR のチャートが得られる

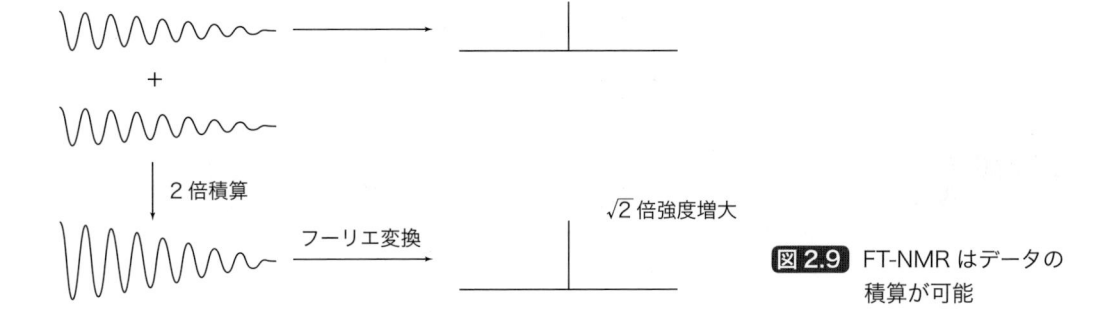

図2.9 FT-NMRはデータの積算が可能

グナルを大きくすることができるのだから，感度の低いNMRでこれは非常に大きな利点だ．ただし，そのぶん実験時間は長くかかるのはいうまでもない．感度のわりあい高い ^{1}H核の観測は，特別な場合以外16回程度の積算 (1～2分) で十分だが，天然存在比が低い ^{13}C観測などでは，一晩積算を繰り返すなどということが普通に行われる．S/N比は繰り返し (積算) 回数すなわち測定時間の平方根に比例するから，たとえば4倍の時間をかければピーク強度は2倍になる．いいかえれば半分の試料量なら4倍の回数 (すなわち4倍の時間) 積算すれば同じ質のデータが得られるということになる．

　話はもどるが，熱平衡状態つまり $+z$ 方向を向いている磁化ベクトルを xy 平面上に90度倒すときに照射するパルスを90度パルスという．ベクトルの向きを90度回転させる強さのパルスという意味だ．これが最大のシグナル強度を得るためのパルスだ．

　パルスの強度と回転角は比例する．もしその2倍の強度のパルスを照射したらどうなるだろう．$+z$ 方向を向いていた磁化ベクトルは x 軸まわりに90度の2倍の180度回転することになり，$-z$ 方向，すなわちベクトルの向きが反転する．この状態では y 成分は0だから，シグナルは観測されない．これが180度パルスだ．180度パルスはシグナルを得るためには何の役にもたたないが，磁化ベクトルの向きを反転させるということは，つまり α 状態の核スピンの数と β 状態の核スピンの数を入れ替えることに相当するので，あとにでてくるマルチパルス実験ではとても重要な働きをする．

　また逆に90度パルスの半分の強度のパルス，すなわち45度パルスをかけると，スピンは45度だけ倒れる．このときの y 成分は前に書いたように $1/\sqrt{2}$ だ．90度パルスよりシグナル強度は当然弱くなるからメリットはないように思えるが，実はそうではない．FT-NMRの利点は，繰り返しFID信号を取得してそれを積算することにあると前に説明した．あるパルスをかけてデータを取得してから次のパルスをかけるまでの間隔 (繰り返し待ち時間) は磁化ベクトルの緩和のぐあいに左右される．

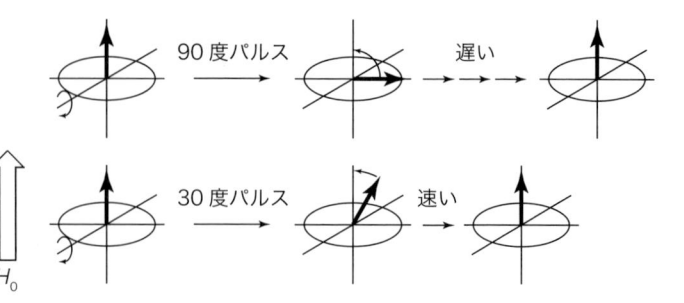

図2.10 弱いパルスのほうが復帰が速く次のパルスをかけるまでの時間を短縮できる

　当然90度倒れた状態からもとにもどるよりも，45度倒れた状態からもとにもどるほうが短時間ですみますから，次のパルスをかけるまでの時間が短縮できる．つまり，同じ時間であればたくさん回数を積算できるということになる．これは一定時間内で強い信号を少ない回数とりこむか，弱い信号を多数回とりこむか，いずれが有利かという問題なのだ．結論をいうと，30度くらいのパルスでたくさん積算するのがもっとも有利ということになり，実際の測定では90度パルスではなく，その1/3くらいの強度のパルスが用いられる（**図2.10**）．

　ここで飽和の説明をしておこう．磁化ベクトルが熱平衡状態にもどりきらないうちに次のパルスを照射したらどうだろう．45度までしかもどってないときに次の90度パルスをかけると，磁化ベクトルは135度を向くことになる．これをどんどん繰り返すと磁化ベクトルはx軸まわりにどんどん回転してゆき，結局，y成分は平均化されて消えてしまう．この状態を飽和という．飽和，すなわち事実上エネルギーの吸収が起こらない状態（FT-NMRではこの表現は正確ではないが）でシグナルが消失する．だから次のパルス照射までの繰り返し待ち時間を十分にとることが大切なのだ．トータルな信号強度に対して90度パルスの利用が必ずしも得策ではない理由がここにある．

化学シフト

　水素（^{1}H核）の11.7 Tの磁場中における共鳴周波数は500 MHz，すなわちFT-NMRでパルスを照射してデータを取得し，得られたFID信号をフーリエ変換すると，横軸の500 MHzの位置にピークが与えられることはわかった．それではどんな化合物を測定してもそのなかの水素のシグナルは同じピークしか与えないのだろうか．もちろんそんなことはない．たとえばエタノールを測定すると，ちゃんとメチル基の水素，メチレンの水素，ヒドロキシ基の水素が区別されて異なる位置にピークとして観測される．つまり，この3種類の水素は異なる共鳴周波数をもつのだ．これはなぜだろう．

$$\nu = \frac{\gamma H_0}{2\pi}$$

　さきほどのラーモアの式にもどって考えると，左辺の周波数を変えるには右辺の変数を変える必要がある．π は定数だし，γ は核固有の定数だから水素ならみな同じだ．磁場強度も同じ磁石で測定しているのだから同じはずだ．これでは周波数の違いが起こりようがないように思える．でも実際にはちゃんとエタノールの3種類の水素の周波数はずれている．
　実は，この「ずれ」の原因は，それぞれの水素が受けている磁場強度が同じではないことに由来するのだ．というか可能性はそれしかありえない．分子内の異なる環境にある水素は，その環境によって外部磁場中におかれたときに受ける正味の磁場が異なっているのである．つまり，それぞれの水素がおかれた化学的環境によって実効磁場が変化し，その結果が共鳴周波数の「ずれ」となってあらわれる．これを化学的要因によるずれ（シフト），すなわち化学シフトという．NMRスペクトルの横軸は化学シフトをあらわす，という表現をするが，これは基準周波数からのずれを横軸から読み取るという意味なのである．
　ラーモアの式は個々の原子核のおかれた状況によって，次式のように書き直すことができる．

$$\nu' = \frac{\gamma H'}{2\pi} \quad [H' = H_0(1-\sigma_\mathrm{A})]$$

　ここで σ_A は遮蔽（しゃへい）定数という値で，これが分子内のそれぞれの水素によって違っているために，たとえばエタノールのメチル水素，メチレン水素，ヒドロキシ水素の違いが生じてくる．さて，ではこの遮蔽定数の大きさ，すなわち遮蔽の度合いは何で決まるのだろう．この実効磁場を変化させる要因は大きく分けて二つある．それがあとに述べる電子雲による遮蔽と官能基の磁気異方性である．

スペクトル表記

　ここでNMRスペクトルのチャートのあらわし方の説明をしておこう．まず横軸の周波数軸だが，これがなかなか問題だ．現在普通にみられる ^{1}H NMR のチャートの横軸は δ（ppm）表記であらわされている．δ とは何か，そしてそもそも周波数なのに，なぜppmなどという濃度のような単位になっているのだろう．これにはやはりラーモアの関係式から

考える必要がある．

　NMRの装置には多くの種類があり，その磁石の強さもいろいろだ．たとえば11.7Tの磁石をもつ装置で測定すると，化学シフトによるずれを考慮しなければ計算上 ^{1}H核は500 MHzの周波数をもつ．ところが，2.34Tの磁石をもつ装置だとこれが100 MHzになる．これは共鳴周波数が外部磁場強度に比例するから当然だ．とすると，チャートの横軸をHz表記にしてしまうと，同じ化合物のシグナルがかたや500 MHz，他方は100 MHz近辺にあらわれることになってしまい，データを比較するときに不都合きわまりない．これを解消するにはどうすればよいか．そう，横軸を外部磁場に無関係な数値であらわすことにすればよいのだ．

　11.7 Tで500 MHzというのは計算上の周波数であり，分子構造を解析する際の実用的な意味はない．NMRシグナルが意味をもつのは，化学シフト，すなわちその水素の化学的環境の違いによってどれだけ実効磁場強度が変化し，それが共鳴周波数のずれに反映されているかだ．

　そこで，ずれの大きさ $\Delta\nu = \nu' - \nu$ をもとの外部磁場による基準周波数 ν で割ってやれば，磁場強度に依存しない値が得られる．ラーモアの式を代入して計算すると，

$$\frac{\nu' - \nu}{\nu} = -\sigma_A$$

　つまり，遮蔽定数によって変化したずれの大きさ自体も外部磁場強度に比例するから，そのずれの大きさ（Hz）を外部磁場強度で割った比は機種によらず一定の値になる（図2.11）．500 MHzの外部磁場で500 Hzのずれを引き起こす遮蔽定数をもった水素は，100 MHzの外部磁場では100 Hzのずれになる．このずれの大きさは $500/(500 \times 10^6)$

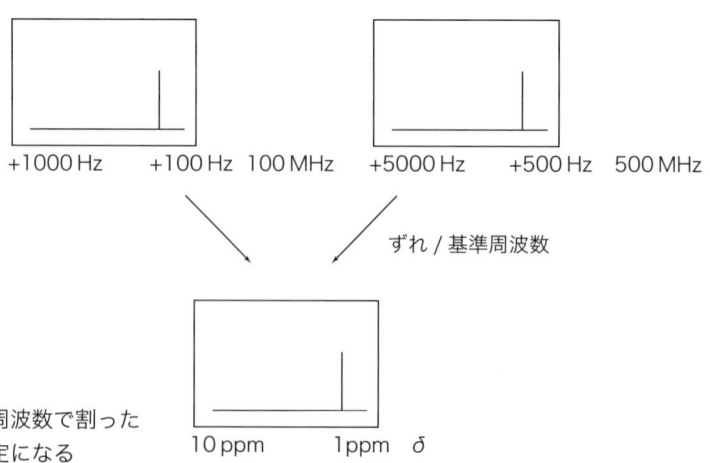

図2.11 ずれの大きさを基準周波数で割った比は機種によらず一定になる

で1ppmになるのがわかるだろう．これが実際のNMRのチャートの横軸の単位の正体なのである．

通常の水素のNMRでは，この横軸は一番右側がゼロで左に行くにしたがって数字が大きくなるようにppm単位で表示されている．普通の^{1}H NMRシグナルの化学シフトは10ppm幅くらいにおさまるので，だいたい左端は10になっている．この表記をδ値という．古い表記法にτ表示というのがあって，これはδ0の位置がτ10，δ10の位置がτ0となるようにppm表示したもので，ちょうどδ値とは逆に，スペクトルの右側に行くほど数値が大きくなる表示法である．現在はすべてδ表示に統一されているので，よほど古い文献以外見かけることはほとんどないだろう．

スペクトルの縦軸はピーク強度，すなわち磁化ベクトルの大きさをあらわす．絶対的な強度は試料濃度や積算回数によって変わるので意味はなく，チャート上の各シグナルのあいだの相対的な大きさが問題となる．厳密にいうとピークの高さではなく，ピーク面積が各水素の個数に比例する．NMRスペクトルには通常のスペクトル線のほかに，段差をもった水平な線が描かれていることがある（図2.12）．これは積分曲線といい，それぞれの段差が各ピークの面積を自動的に積分した値に相当する．つまり，この段差の高さを整数比であらわしたものはそれぞれのピークの水素数の比率に等しい．たとえば，分子式から水素が6個ある分子でシグナルの積分値が1：3：2であれば，それぞれのシグナルの水素数は1：3：2であり，水素が12個あれば2：6：4ということがわかる．

ただし，積分曲線はそれほど厳密なものではなく，とくにシグナルのS/N比が悪いスペクトルや，ベースラインが曲線になっている場合などはかなりの誤差がでることに注意しよう．

NMRスペクトルの横軸は周波数軸だから，その左右をあらわすのに高周波数側，低周波数側といういい方は正しいのだが，実際にはこうい

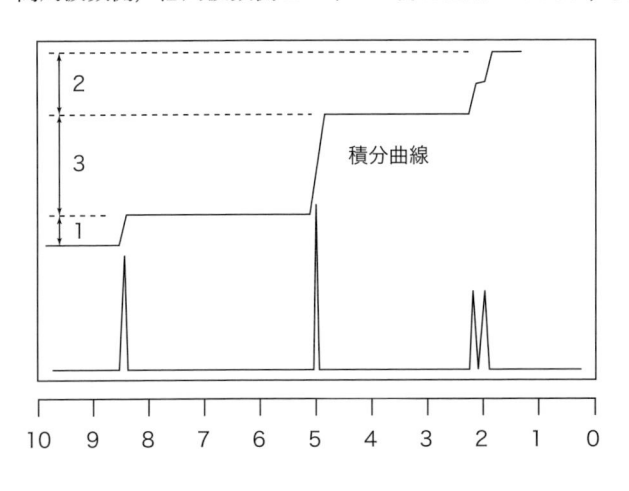

図2.12　積分曲線の高さはそれぞれのピークの水素数の比をあらわす

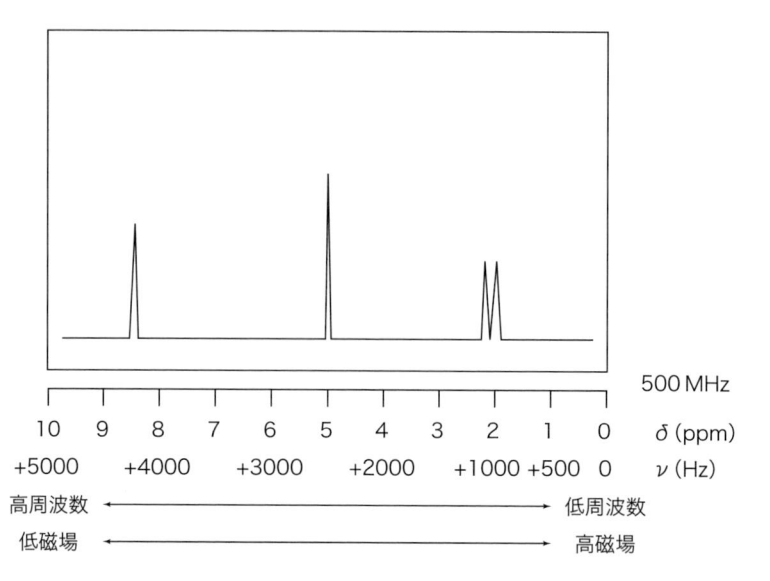

図2.13 高周波数側が低磁場，低周波数側が高磁場になる

う表現はあまりみられない．かわって用いられるのが，低磁場側，高磁場側という表現だ．この場合，スペクトルの左側つまり高周波数側が低磁場，右側の低周波数側が高磁場になるから注意しよう（**図2.13**）．これは高周波数側は遮蔽（p.49参照）の度合いが少ないからより低い磁場強度で基準周波数に達するのに対し，低周波数側はより強く遮蔽されているから，相対的により高い磁場強度で基準周波数になる，と考えるとよい．

化学シフトの基準物質

NMRスペクトルの右端，すなわちδ＝0 ppmは何を基準に決められるのだろうか．これは，実はある特定の基準物質の値を用いている．そ

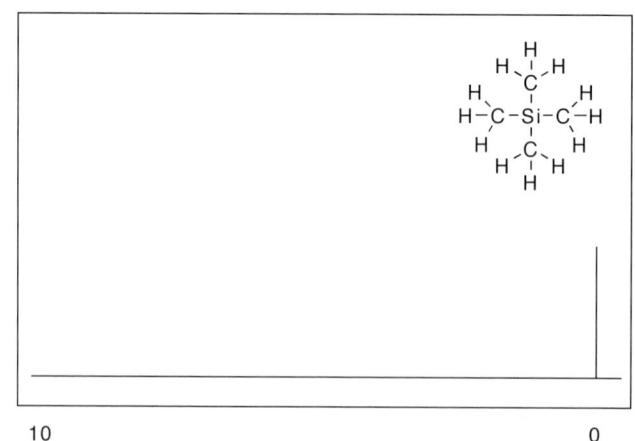

図2.14 化学シフトの基準物質 テトラメチルシラン

れがテトラメチルシラン〔(CH₃)₄Si〕だ(**図2.14**)．略して TMS という．この化合物には 12 個の水素があるが，対称構造なので水素のシグナルは 1 本しかあらわれない．そのシグナル位置を 0 ppm と規定する．ほかの化合物の水素シグナルは，そこからどれだけずれているかを ppm であらわすわけだ．

　なぜこんな化合物が基準として選ばれているかというと，ケイ素のもつ遮蔽効果によって TMS の水素のシグナルはほかの有機化合物のシグナルよりも大きく高磁場側にあらわれるのが大きな理由だ．試料溶液に TMS を添加してスペクトルを測定したとき，もっとも右側すなわち高磁場側にあらわれるピークが TMS のシグナルと考えてほぼ間違いない．それをゼロにするように横軸を補正する．ほとんどの有機化合物のシグナルは TMS のシグナルよりも左側(低磁場側)にあらわれるため，TMS のシグナル位置をゼロとして左向きに数字をあらわせば，ほとんどの化合物の水素の化学シフトは正の δ 値であらわされ，低磁場側になるほど数値が大きくあらわされる．通常の水素はほぼ $\delta = 0 \sim 10$ ppm の範囲におさまるので都合がよい．もちろん例外もあり，あとで述べるように特殊な水素は δ が 10 以上になるものもあるし，また場合によっては TMS よりも高磁場側，すなわち δ 値がマイナスになる水素もないわけではない．

　テトラメチルシランが基準物質として選ばれたもう一つの理由は，化学的に不活性でとても安定な化合物であることと，沸点が 27 ℃ と低いことがあげられる．試料溶液に添加した際に試料や溶媒と反応して変化してしまうような物質は基準物質には使えないし，NMR の大きな利点である非破壊的測定法という点を生かして測定後の溶液から試料を回収することを考えると，沸点の低さは溶媒とともに容易に留去できるという点で好ましい．

　ただし，現在ではわざわざ試料溶液に TMS を添加しないで，一定の化学シフト値をもっている溶媒の残留シグナル位置を間接的な基準として用いることが多い．NMR の溶媒としてよく用いられるのは，クロロホルム-d，アセトン-d_6，メタノール-d_4，ジメチルスルホキシド-d_6，ピリジン-d_5，重水 (D_2O) などだ(**表2.2**，d_n は重水素の置換数をあらわす)．溶媒はすべての水素を重水素で置き換えた重水素化溶媒が用いられる．これは，溶媒自体がもつ水素の大きなシグナルがスペクトルにあらわれて，試料由来のシグナルの観測の妨害になるのを防ぐためと，もう一つ，重水素のシグナルを利用して磁場ロック(NMR 磁石の強い磁場強度は少しずつ変化するため，それを補正する操作)するためである．

　重水素化溶媒といっても重水素が 100% 置換しているわけではないので，ほんの少し残っている水素のシグナルがスペクトル上にあらわ

表 2.2　NMR 測定に用いられるおもな溶媒

重水素化溶媒	化学式	融点（℃）	沸点（℃）	δ_H	δ_C（多重度）
アセトン	$(CD_3)_2CO$	−95	56	2.04	29.3(7), 206.3
アセトニトリル	CD_3CN	−45	82	1.93	1.3(7), 117.7
ベンゼン	C_6D_6	6	80	7.27	128.0(3)
クロロホルム	$CDCl_3$	−64	61	7.24	77.0(3)
ジクロルメタン	CD_2Cl_2	−97	40	5.32	53.5(5)
ジメチルスルホキシド	$(CD_3)_2SO$	19	189	2.49	39.7(7)
メタノール	CD_3OD	−98	64	3.35, 4.78	49.3(7)
ピリジン	C_5D_5N	−42	115	7.19, 7.55, 8.71	123.5(3), 135.5(3), 149.5(3)
水	D_2O	0	100	4.65	−

れる．それが残留シグナルだ．その化学シフトは溶媒の種類によって一定の値をとるので，たとえばクロロホルムならば $CDCl_3$ 中に含まれる微量の $CHCl_3$ の水素のピークを δ 7.24 ppm に合わせることによって，TMS を添加しなくても正しい化学シフト補正が可能になる．ただし，後述のようにヒドロキシ基の水素の化学シフトは状況によって変化しや

コラム　ピークの形のゆがみ（シムと位相）

NMR スペクトルのピーク形状がゆがむ要因がいくつかある．フーリエ変換によって得られた吸収形ピーク形状はいろいろな原因でゆがむことがあり，それをある関数をかけて補正してやらねばならない．これを位相補正という．正しく位相補正すれば左右対称の吸収形ピークとなる．

それとは別に，個々の試料溶液の状態に応じた補正も必要であり，測定前にサンプルの周囲のシムコイルの電流を調整して補正する．これによりピークのシャープさ，裾の広がりが補正できる．試料溶液が濁っていたり，不均一だったりするとこのシム調整が困難になるので注意が必要だ．

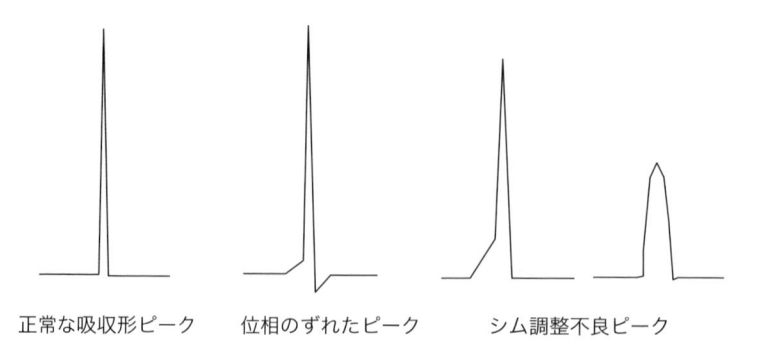

正常な吸収形ピーク　　位相のずれたピーク　　シム調整不良ピーク

すいため，重水の残留シグナルで化学シフトを補正するのはやや問題がある．ところがTMSは低極性物質のため水不溶性であり，重水溶液に添加することはできない．このため，水溶性の基準物質としては3-トリメチルシリルプロパン酸ナトリウム-d_4（TSP）が用いられる．

試料は通常これら重水素化溶媒の溶液としたものを，直径5 mm，長さ13 cm程度のガラス製の円筒型試料管に入れ，プラスチックのキャップをして測定する．NMRの試料管は極薄ガラス製で，直線性，真円性が保たれた精密な管であり，取り扱いには十分注意する必要がある．

電子雲による遮蔽

NMRは原子核の核スピンを検出する方法であることは最初に述べた．水素原子の場合，^{1}H原子核が裸で存在することは水素イオン以外なく，必ず電子に周囲を取り巻かれている．つまり電子雲のベールに覆われているといえる．その状態である強度の磁場中におかれたら，原子核に及ぶ磁気の強さは電子雲によって当然弱められるだろう．これが電子雲による遮蔽（shielding）だ（図2.15）．

原子核を取り巻く電子雲によって磁力の一部がカットされるのだから，電子雲が濃いほど，つまり電子密度が高いほど実効磁場の低下は大きく，電子密度が低いほど実効磁場の低下は少ないということになる．共鳴周波数は磁場強度に比例するから，これをいいかえると，電子密度が高いほど低周波数側（高磁場側）にシグナルがあらわれ，電子密度が低いほど高周波数側（低磁場側）にシグナルがあらわれることになる．NMRスペクトルの横軸は左側が低磁場側，右側が高磁場側になるから，電子密度の低い水素ほど左側にあらわれることになる．

1-ブロモプロパンのスペクトル（図2.16）をみてみると，3種類のシ

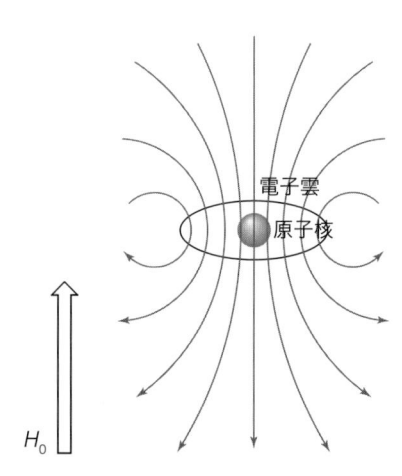

図2.15　電子雲による遮蔽

```
    1   2   3
Br—CH₂-CH₂-CH₃
```

図 2.16 1-ブロモプロパンの NMR スペクトル

独立行政法人産業技術総合研究所 SDBS より許可を得て転載.

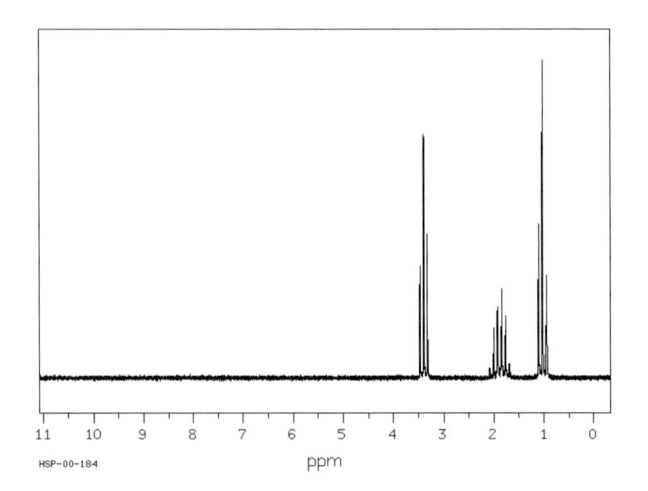

グナルがあらわれているのがわかる．左側から順に 1 位メチレン (CH_2)，2 位メチレン，3 位メチル (CH_3) のシグナルである．電子雲による遮蔽では，電子密度が低いほど低磁場側すなわちスペクトルの左側にシグナルがあらわれ，電子密度が高いほど高磁場側すなわちスペクトルの右側にシグナルがあらわれるから，もっとも左側にあらわれている 1 位のメチレン水素がもっとも電子密度が低く，次いで 2 位メチレン，3 位メチルの順に電子密度が高くなることがわかる．よくみるとそれぞれのシグナルが複数本に分裂して複雑な形になっているが，これはカップリングによる分裂によるものであとで詳しく説明する．いまのところはピークの位置だけに着目しよう．

　有機化学は電子の化学といっても過言ではない．有機化合物の性質や反応性を決めるのは分子がもっている電子の状態であるといってよい．だから化合物中の電子密度が NMR スペクトルの化学シフトに反映するということは，逆にいうと NMR がいかに有機化合物の分子構造の本質的な情報を与えるかの証左なのである．

　電子密度に影響を与える因子はいろいろあるが，有機化学で習った誘起効果と共鳴効果をおぼえてこう．復習すると，誘起効果とは電気陰性度の違いにより共有結合電子が片側の原子に引き寄せられる効果だ．たとえば臭素と炭素では，臭素のほうが電気陰性度が高いので，C–Br 間の共有結合電子は臭素側に引き寄せられている．炭素と水素では電気陰性度の差は小さいから，C–H 間の共有結合電子はほぼ両者に均等に分布しているが，1-ブロモプロパンの 1 位炭素は電気陰性度の高い臭素に電子を引っ張られて電子密度が低下しているから，その影響で C–H 結合の電子が部分的に炭素側に引きつけられている．NMR で観測すると 1 位水素のほうがほかの位置の水素よりもスペクトルの左側，すなわち低磁場側で共鳴するのはこれが理由だ．1 位, 2 位, 3 位の順にシ

```
      1     2     3
X—CH₂—CH₂—CH₃
F   4.30  1.68  0.97
Cl  3.30  1.61  0.89
Br  3.18  1.68  0.85
I   2.99  1.66  0.82
```

δ (ppm)　**図2.17**　ハロプロパンの化学シフト

グナルがならぶ理由も臭素の誘起効果で説明できる．つまり，電気陰性度の高い臭素に近い炭素に結合した水素ほど，その影響を強く受けるためだ．

このように誘起効果は直接結合する原子より遠くまで影響が及ぶが，介在する結合の本数が増えると急激に減衰する．**図2.17**に各種ハロプロパンの化学シフトを示した．フッ素，塩素，臭素，ヨウ素と電気陰性度の高い順に化学シフトが低磁場にシフトしていることがわかる．また，同じ化合物内ではハロゲンから遠ざかるほどシフト効果が下がることも読み取れる．

次に共鳴効果に移ろう．共鳴効果は，非共有電子対を与えるあるいは受け取ることによるπ電子の移動による電子の偏りのことだ．たとえば，アニソール（メトキシベンゼン）では酸素上の非共有電子対がベンゼン環側に供与されることにより，ベンゼン環の電子密度が上昇するのに対し，アセトフェノン（アセチルベンゼン）では，カルボニルのπ結合電子が酸素に引っ張られてその非共有電子対になるとともに，ベンゼン環から電子を引っ張るために環の電子密度は逆に低下する．

エチルベンゼンのオルト位水素はδ 7.12とベンゼンの値（δ 7.34）とあまり変わらないのに対し，アニソールではδ 6.88，アセトフェノンではδ 7.94と，共鳴効果による電子密度の高低が化学シフトに反映し

コラム

誘起効果と共鳴効果

化学シフトに影響を与える電子密度の高低を生じさせる要因には，誘起効果と共鳴効果がある．誘起効果は共有結合している原子間の電気陰性度の違いによって結合電子の偏りが起こることで，炭素より電気的に陰性なヘテロ原子（酸素，窒素，ハロゲンなど）の結合では結合電子がヘテロ原子側に引き寄せられていて炭素上の電子密度が低下する．共鳴効果ではアリルカチオンの項のように逆にπ結合電子やヘテロ原子の非共有電子対電子が供給されることによって電子密度が上昇する．

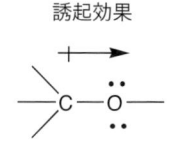

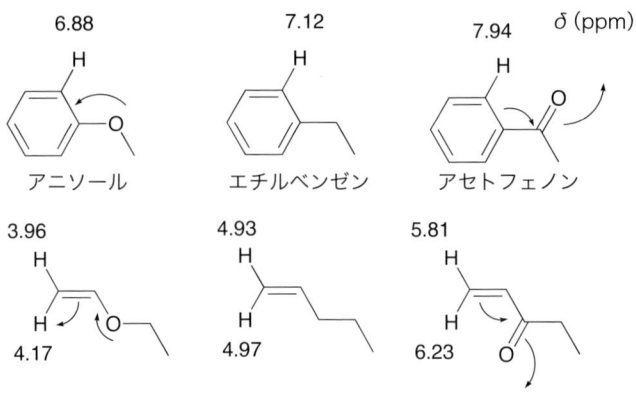

図 2.18 共鳴効果による化学シフトの変化

(アニソール 6.88, エチルベンゼン 7.12, アセトフェノン 7.94)
(エチルビニルエーテル 3.96 / 4.17, 1-ペンテン 4.93 / 4.97, エチルビニルケトン 5.81 / 6.23)

ていることがわかる．また 1-ペンテン，エチルビニルエーテル，エチルビニルケトンの例でも同様である（**図 2.18**）．

官能基の磁気異方性による遮蔽 1

　電子雲による遮蔽は，裸の水素イオン以外はどんな原子核にも起こっていて，その電子密度が直接化学シフトに影響を与えることをこれまでみてきた．この電子雲による遮蔽効果が直接的な効果とすれば，これから説明する官能基の磁気異方性の効果は間接的な効果といえる．

　まず例としてベンゼン環をとりあげよう．ベンゼンの水素の化学シフトは δ 7.34 であり，この値は通常のアルケンの水素の値（たとえばシクロヘキセンなら δ 5.66，1,3-シクロヘキサジエンで δ 5.89）に比べるとずいぶん低磁場側にシフトしていることに気がつく（**図 2.19**）．この違いは単なる電子密度の違いだけでは説明しにくい．

　ベンゼン分子が磁場中におかれると，ベンゼンの環状電子雲に磁場の影響で電流が流れる．その環電流が次に誘起磁場を引き起こす．その向きは外部磁場と逆方向に環電流を中心とした渦を巻くかたちになる．すなわち，**図 2.20** のように磁場中におかれたベンゼン環には環の中心を外部磁場に逆行する向きに誘起磁場が生じ，それがベンゼン環をぐるっと回って環の外側では外部磁場と同方向を向き，一周するかたちとなっている．

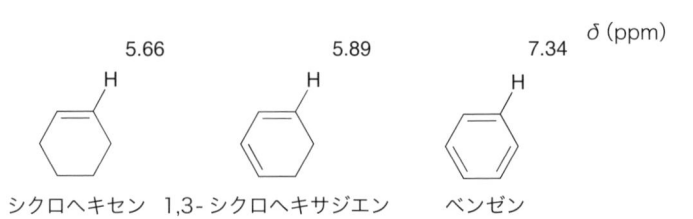

図 2.19 ベンゼン環水素の化学シフト

(シクロヘキセン 5.66, 1,3-シクロヘキサジエン 5.89, ベンゼン 7.34)

遮蔽 → 高磁場シフト

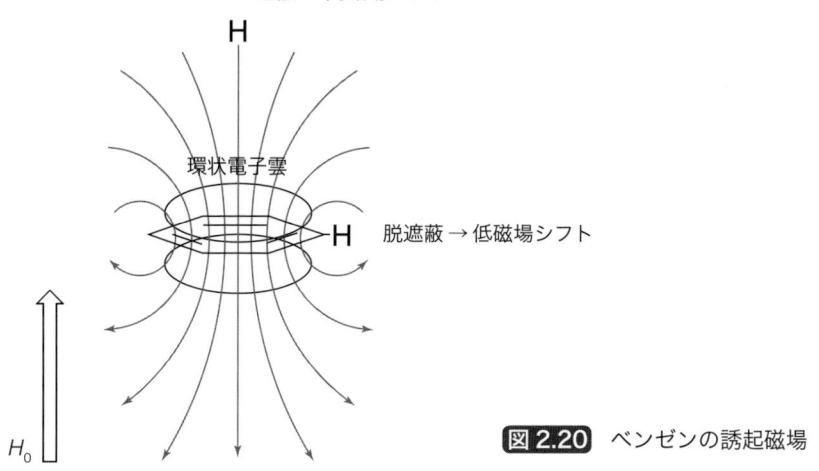

環状電子雲

脱遮蔽 → 低磁場シフト

H_0

図 2.20 ベンゼンの誘起磁場

　さてこの誘起磁場の影響は，水素の化学シフトにどういう影響を与えるだろう．ベンゼン環に結合した水素は環と同一平面上の外側に突きだしているから，受ける誘起磁場の方向は外部磁場と同方向すなわち外部磁場が強まったのと同じ効果を受ける．これは電子雲の効果になぞらえると遮蔽が弱まったことに相当するから，これを脱遮蔽（あるいは反遮蔽，deshielding）効果という．脱遮蔽は電子密度低下と同じ意味だから化学シフトは低磁場側すなわちスペクトルの左側にシフトする．ベンゼン環水素の化学シフトがほかのアルケンに比べて大きく低磁場シフトしているのはこれが理由である．

　もしベンゼン環の内部に水素があれば，その受ける誘起磁場の方向は外側の水素とは逆になるから遮蔽を受け，シグナルは高磁場側（右側）にシフトするに違いない．実際にはベンゼン環の内側に水素をおくことは不可能だが，ここに面白い分子がある．[10]パラシクロファンというベンゼン環のパラ位どうしを10個のメチレンの鎖でつないだ分子だ．この分子は鎖の長さが短すぎて自由に回転できず，ちょうどベンゼン環の真上にメチレン鎖が固定された構造をしている（**図 2.21**）．

　この化合物のベンゼン環の真上にあるメチレン水素と，ベンゼン環に結合している根元のメチレンの水素の化学シフトを比べてみると，真上の水素のほうがずっと高磁場側にあらわれていることがわかる．これは

$δ$ (ppm)
0.51

2.63

図 2.21 [10]パラシクロファンの磁気異方性効果

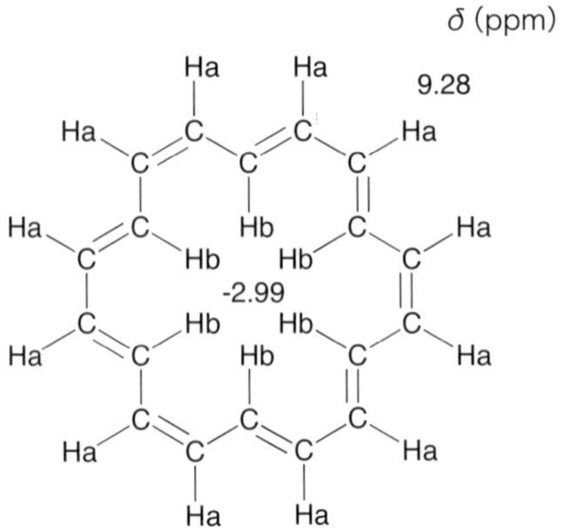

図 2.22 [18]アヌレンの磁気異方性効果

環電流による誘起磁場がベンゼン環平面の真上あるいは真下では外部磁場と逆向きに向いているためである．つまり，ベンゼン環という官能基の引き起こす誘起磁場によって環平面の上下の部分は遮蔽され高磁場側へ，平面と同方向部分は反対に脱遮蔽され低磁場側へシフトするということがわかる．

このようにある官能基が周囲の空間に与える磁気的効果が一様ではないことを磁気異方性という．ついでに，芳香族性化合物の環電流効果のおもしろい例を一つ紹介しておこう．ベンゼンでは立体的制約から環の内部に水素を配置することはできないが，もっと大きな環をつくったらどうだろう．一般に環状共役系をもつ分子式 C_nH_n の [n] アヌレン分子では，n が 4 で割り切れない偶数の場合はヒュッケル則によって安定な芳香族分子となる．ベンゼンは $n=6$ の例だ．もっと大きな芳香族分子として [18] アヌレンが知られている．この化合物は二重結合が 9 個環状に連なった環状共役分子であり，全体が**図 2.22** のような形をしている．この分子には環の外側に 12 個，内側に 6 個の水素があることがわかるだろう．分子は対称なので，外側 12 個はどれも環境は等しく，内側 6 個も等しい．NMR スペクトルを測定すると 2 種類の水素のシグナルが検出される．外側の水素 (Ha) は δ 9.28 という低磁場側に化学シフトをもち，やはり環電流による誘起磁場によって脱遮蔽を受けていることは明らかである．問題は内側の水素 (Hb) で，δ −2.99 というとんでもない化学シフトをもつ．これはまさにこの位置の水素が環電流の内側に位置し，強い遮蔽領域にきているからなのである．

官能基の磁気異方性による遮蔽 2

では，ベンゼン環以外の官能基についてもみてみよう．
ベンゼン環のように環状に電流が流れやすい構造というわけではない

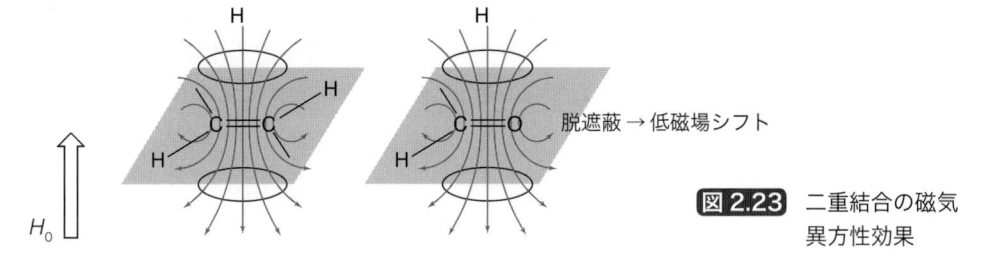

図 2.23 二重結合の磁気異方性効果

が，単純な二重結合すなわちπ電子をもつ官能基でも似たような現象が起こる．たとえばアルケンやカルボニルなどがそうだ．この場合，磁気異方性効果は，sp^2炭素の結合が伸びる平面がベンゼン環平面に，そこから直立するπ電子がベンゼンの環状電子雲に相当する．すなわち結合平面方向が脱遮蔽側で低磁場シフト，その上下方向が遮蔽側で高磁場シフトする位置となる（図 2.23）．

三重結合もπ電子をもち磁気異方性を示すが，この場合はちょっと注意が必要だ．アルキンはsp炭素のつくる直線上のσ結合から二つのπ結合が直交して立った構造をしている．π結合電子は広がりをもっているため直交している二つのπ電子軌道は一部重なり合っている．すなわち，sp結合の軸のまわりを十字型に突きだしたπ電子が広がってちょうど円筒状に重なり合っている形になっている．この分子が外部磁場中で誘起磁場をつくるとしたら，環電流はsp結合軸のまわりを回転するように流れる．つまり磁気異方性の方向は，結合軸方向が遮蔽側で高磁場シフト，それと直交する方向が脱遮蔽側で低磁場シフトとなり，アルケンやカルボニルなどほかのπ結合電子の影響とは向きが異なっている（図 2.24）．

前にでてきた1-ペンテンのアルケン水素がδ 4.93/4.97とπ電子の脱遮蔽効果によって低磁場シフトしているのに対し，1-ペンチンのアルキン水素はδ 1.94とそれよりかなり高磁場側にあらわれるのは，アルキン水素が軸回りの環電流によって逆に遮蔽されていることをあらわ

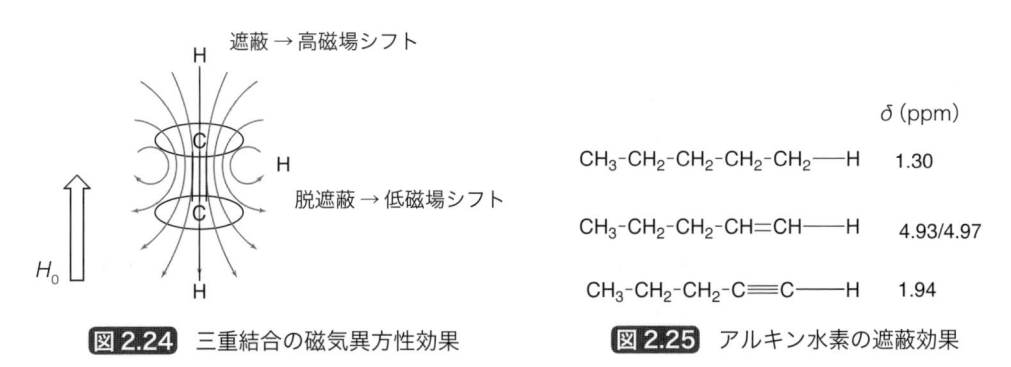

	δ (ppm)
CH₃-CH₂-CH₂-CH₂-CH₂——H	1.30
CH₃-CH₂-CH₂-CH=CH——H	4.93/4.97
CH₃-CH₂-CH₂-C≡C——H	1.94

図 2.24 三重結合の磁気異方性効果

図 2.25 アルキン水素の遮蔽効果

している（図 2.25）．

そのほか，飽和炭化水素の C–C 結合も弱いながら磁気異方性を示す．シクロヘキサンのエクアトリアル水素がアキシアル水素よりも低磁場側にあらわれるのは，C–C 結合による脱遮蔽効果によるものである（図 2.26）．

図 2.26 シクロヘキサンの磁気異方性効果

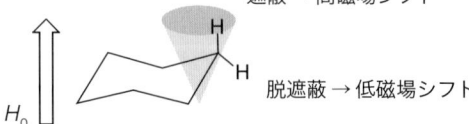

遮蔽 → 高磁場シフト
脱遮蔽 → 低磁場シフト

以上をまとめると，有機化合物のなかの水素は二つの要因によって共鳴周波数のずれ，すなわち化学シフトを起こす．

第一の要因は電子密度で，近傍に電子求引性基が存在して電子がそちらに引っ張られると，電子雲による遮蔽が弱まって低磁場シフト，逆に電子供与性基が存在して電子が押しだされると，電子雲による遮蔽が強まって高磁場シフトする．

第二の要因は磁気異方性原子団による影響で，ベンゼン環，二重結合などが近傍に存在すると，その結合平面上（その延長）方向にある水素は脱遮蔽によって低磁場シフト，結合平面の直上（直下）方向にある水素は遮蔽によって高磁場シフトする．

これらの要因の複合的な効果でシグナルのあらわれる位置が決まるということになる．

カップリング

NMR スペクトルから得られる情報のうち，化学シフトとならんで重要なのがカップリングとよばれる現象である．エタノールのスペクトルでメチル基のシグナルとメチレン基のシグナルは単純なピークではなく，数本のピークに分裂してあらわれている（図 2.27）．このピークの分裂がカップリングだ．

この分裂のしかたからどのような情報が得られるのだろうか．その前にもっとも簡単な系でなぜこのようなピークの分裂が起こるのか，その原理の説明をしよう．

メチン炭素（CH）が 2 個結合した –CaHa–CbHb– の部分構造を考えてみる．ある磁場中におかれると NMR の基本原理から Ha のスピンは α と β に分裂し（図 2.28），そのあいだのエネルギー差に相当する位置で共鳴が起こる（ピークがあらわれる）．

ところで，いま近くには Hb という別の水素が存在する．そのスピン

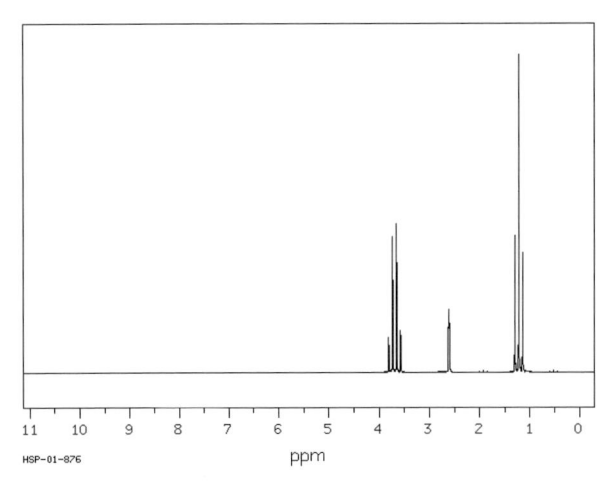

2.61 3.69 1.23 δ (ppm)
HO-CH₂-CH₃

図 2.27 エタノールの NMR スペクトル

独立行政法人産業技術総合研究所 SDBS より許可を得て転載．

も外部磁場中で当然 α と β に分裂しているはずだ．つまり，Ha–Ca–Cb–Hb という構造単位には，スピン状態によって Ha と Hb についていうと，α–α，α–β，β–α，β–β の4種類があることになる．このとき，Hb のスピンの影響が Ha に及ぶのである．その影響力はあいだに存在する結合を通じて伝達される（**図 2.29**）．

どういうことかというと，Ha ↔ (Ha/Ca 結合) ↔ Ca ↔ (Ca/Cb 結合) ↔ Cb ↔ (Cb/Hb 結合) ↔ Hb という順序で影響が及ぶということなのだ．一番最初にちょっと触れたように，電子にもスピンがある．結合電子は2個対になっていて，そのスピン状態は α と β からできている．有機化学の最初のところででてきた原子の電子配置で，一つの軌道には必ず上向きと下向きの二つの矢印の電子が対になって入っていたのを思いだそう．それとまったく同じことだ．

いま，Hb が β スピンの場合，Hb/Cb の結合電子のスピンは Hb 側が α，Cb 側が β に配向する．これは α と β の逆平行の組合せがエネルギー的に有利なためだ．原子核をはさんだ二つの結合電子スピンは平行になるので，次の Cb/Ca 結合電子は Cb 側が β，Ca 側が α となる．同じ理由で，

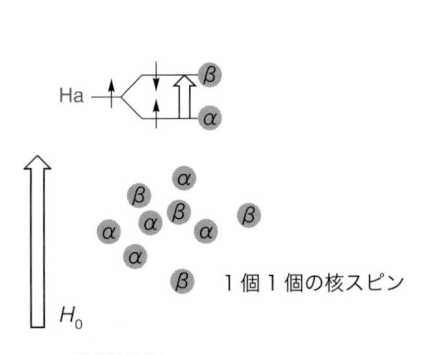

図 2.28 Ha のスピンの分裂

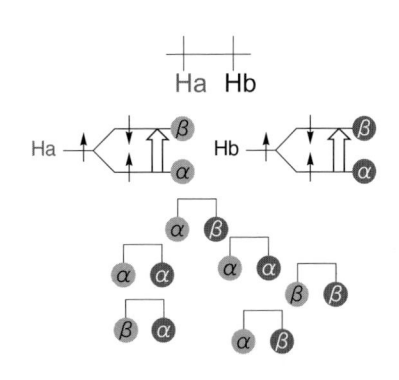

図 2.29 Ha と Hb のスピンの状態

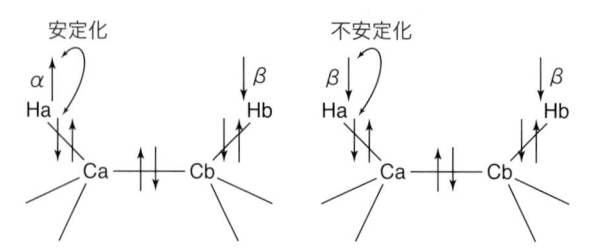

図 2.30 Hb のスピンの影響が Ha に及ぶ

Ca/Ha 結合電子は Ca 側が α，Ha 側が β になる．もしここで Ha のスピン状態が α であれば，最後の組合せは α/β の逆平行になり，安定な関係になる．すなわち Ha の α スピンは Hb が β スピンのときに安定化されるといってよい(**図 2.30**)．

では，Ha が β スピンのときはどうだろう．同じように結合電子をたどると，最終的に Ca/Ha 結合の Ha 側は β になるから今度は β/β の組合せとなって，不安定になる．すなわち，Ha の β スピンは Hb が β スピンのときに不安定化されることになる．

さて，Ha の共鳴周波数は α 状態と β 状態のエネルギー差によっていることを思いだそう．Ha が孤立して存在するときはそのまま $\beta-\alpha$ で差が求められる．いま，隣の炭素上に Hb があってそれがたまたま β スピンをもっていたとすると，Ha の α は安定化作用を受けるからエネルギーは Δ だけ下がって $\alpha-\Delta$ となり，逆に Ha の β は不安定化作用を受けるからエネルギーは Δ だけ上がって $\beta+\Delta$ となる．とすると，共鳴周波数のもとになるエネルギーは $(\beta+\Delta)-(\alpha-\Delta)$ となってもとの値よりも 2Δ だけ大きくなる．すなわち共鳴シグナル位置が高周波側（低磁場側）にシフトすることになる．

いままでみてきたのは Hb が β スピンの場合だ．もちろん Hb の約半分強は α スピンをもっている．その場合はどうだろう．いまとまったく同じに考えると，Ha が α のときには今度は逆に最後の Hb 側のスピンの組合せが α/α となって不安定化され，Ha が β のときには Hb 側のスピンが β/α となって安定化されるのがわかる．つまり，このとき Ha の α は不安定化作用を受けてエネルギーは $\alpha+\Delta$，Ha の β は安定化作用を受けてエネルギーは $\beta-\Delta$ となる．このときの共鳴周波数のもとになるエネルギー差は $(\beta-\Delta)-(\alpha+\Delta)$ となり，今度はもとの値より 2Δ 小さくなる．すなわち共鳴シグナル位置が低周波側（高磁場側）にシフトすることになる(**図 2.31**)．

以上をまとめると，Ha のシグナルは結合を介した Hb の影響を受け，Hb が β スピンのときは低磁場シフト，α スピンのときは高磁場シフトを起こすということになる．Hb はこの両者のスピン状態がほぼ半々存在するわけだから，Ha の半分は高磁場シフト，残りの半分は低磁場シ

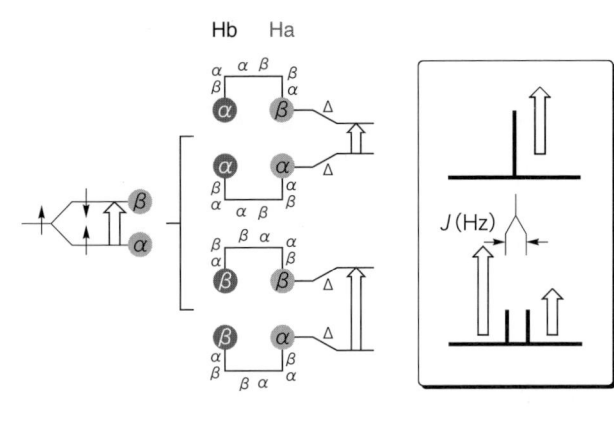

図2.31 カップリング現象のしくみ

フトしたシグナルを与えるわけだ．つまりこれはHbが存在しないときは1本の単一シグナルだったものが分裂して2本にあらわれることを示している．これがカップリング現象の正体なのである．

このとき，高磁場側へのずれと低磁場側へのずれの大きさ（2Δ）は等しいから，この分裂したHaシグナルの化学シフト位置は2本のピークの中心ということになる（あとででてくるように多数本に分裂した場合は厳密には各シグナルの重心が正しい）．また，Hbのαとβスピンの数はほぼ等しいから，分裂したHaの2本のシグナルの強度はほぼ等しい．このとき分裂した2本のシグナル間の間隔をHzであらわした値を結合定数（coupling constant）あるいはJ値という．この場合，結合定数の値は2Δの2倍だから4Δに等しい．この結合定数の値はあとで説明するように二つの水素のあいだに介在する結合の種類および本数に大きく左右される．この場合のように隣接炭素の水素どうしの結合定数は0～18 Hzの範囲であり，自由に結合が回転できる鎖状系では約7 Hzとなる．

いまHbの影響でHaのシグナルが分裂するようすを説明したが，逆にHbのシグナルもHaの影響でやはり2本に分裂する．互いに結合を介して及ぼしあう影響の大きさは等しいから，シグナルのずれすなわちΔは等しい．つまり，HaとHbは同じ結合定数をもつ二組の2本線シグナルとしてスペクトル上にあらわれることになる．

理論はややこしいが，要するに観測している核に影響が及ぶ位置にほかの核が存在すると，その核がαとβの二種類のエネルギー状態をとりうるために，その影響で共鳴シグナルが2本に分裂すると考えればよい．

隣接水素が複数個のカップリング

では，$-C_aH_a-C_bH_{b2}-$のように隣に2個の水素がある場合はどうなるだろう．今度は2個のHb水素がそれぞれαとβの2種類存在する

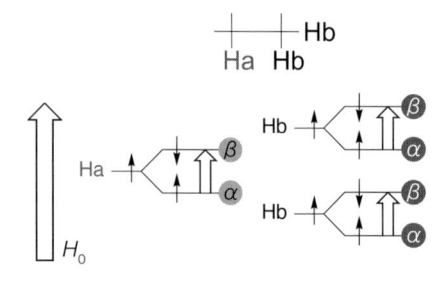

図 2.32 Hb 水素が二つある場合のスピン状態

から（図 2.32），そのスピンの組合せは $\alpha\alpha$，$\alpha\beta$，$\beta\alpha$，$\beta\beta$ の 4 種類になる．

スピンの安定化，不安定化を考えると，隣の水素が 1 個で α あるいは β だったときの影響に比べて，$\alpha\alpha$，$\beta\beta$ では影響が 2 倍に大きくなる．つまりシグナルのずれも 2 倍になる．それに対して，$\alpha\beta$ と $\beta\alpha$ では安定化と不安定化が同時に起こることになるから，シグナルのずれは相殺されてゼロすなわちもとの化学シフト位置から動かないことになる．

つまり，隣に同じ影響を及ぼす水素が 2 個ある場合は，1 個のときに比べて 2 倍の大きさ高磁場側および低磁場側にずれた位置の 2 本のピークに加えて，変化しないもとの位置にもピークがあらわれ，合計 3 本のピークに分裂することになる．それぞれのピーク位置は $+4\Delta$，0（もとの位置），-4Δ で，この 3 本のピークの強度は，$\alpha\alpha$，$\alpha\beta\times2$，$\beta\beta$ の存在割合に依存するから，1：2：1 となる（図 2.33）．

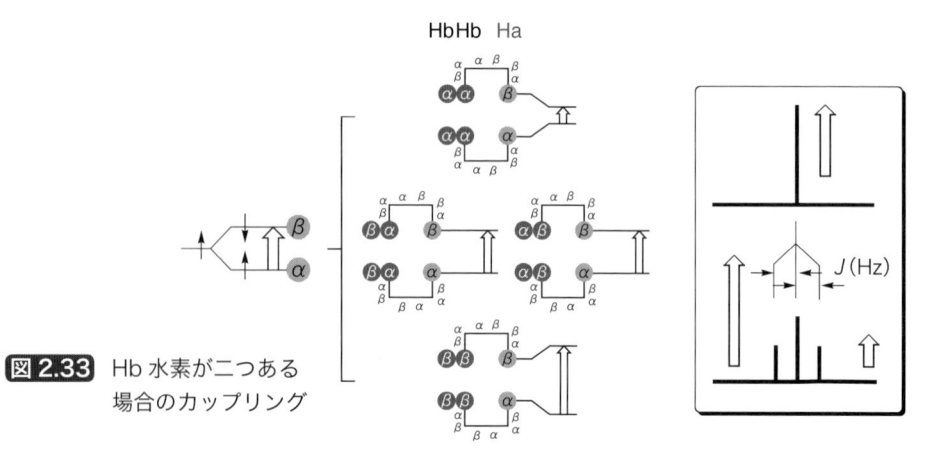

もう一つ隣接水素がふえて $CH-CH_3$ すなわちメチル基のとなりの水素のような場合もまったく同じに考えると，スピンの組合せは，$\alpha\alpha\alpha$，$\alpha\alpha\beta$，$\alpha\beta\beta$，$\beta\beta\beta$ が 1：3：3：1 の比率となり，4 本のピーク位置は，もとの化学シフト位置から $+6\Delta$，$+2\Delta$，-2Δ，-6Δ となるのがわかる．

このようにどの場合でも分裂したピークとピークの間隔は常に 4Δ（$=J$）になっている．隣接水素が存在する場合，シグナルは結合定数分離れた何本かのピークに分裂し，その本数は隣接水素が 1 個のとき 2 本，

図 2.33 Hb 水素が二つある場合のカップリング

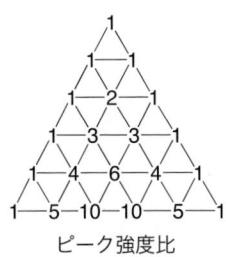

```
        1
       1 1
      1 2 1
     1 3 3 1
    1 4 6 4 1
   1 5 10 10 5 1
    ピーク強度比
```

単一線　singlet
二重線　doublet
三重線　triplet
四重線　quadruplet (quartet)
五重線　quintet
六重線　sextet

図 2.34 パスカルの三角形

2個のとき3本，3個のとき4本と常に水素数＋1本になることがわかる．また，ピーク強度比は2本のとき1：1，3本のとき1：2：1，4本のとき1：3：3：1である．

この関係を図にしてみると，隣接する水素数によってすそ広がりの三角形になる．これはパスカルの三角形そのものである(**図 2.34**)．

このようなカップリングにより分裂してできる数本のピークを多重線 (multiplet) という．2本のとき二重線 (doublet)，3本のとき三重線 (triplet)，4本のとき四重線 (quardruplet あるいは quartet) である．

エタノールのスペクトルをもう一度みてみよう．エチル基は $-CH_2-CH_3$ の構造をしていて，結合は自由回転するからメチレンの2個の水素は等価（等価というきちんとした意味は後述），メチルの3個の水素も等価だ．メチレンの2個の水素のシグナルはメチル基の3個の水素の影響で1：3：3：1の強度の四重線に分裂する．一方，メチル基の3個の水素のシグナルはメチレンの2個の水素の影響で分裂して，1：2：1の強度の三重線となる．それがエタノールのスペクトルが複雑に分裂してあらわれることの説明だ．エタノールには OH の水素があり，この水素の影響がメチレン水素に及びそうにみえるが，この説明はあとでしよう．

次に，1-プロパノールについて考えてみよう(**図 2.35**)．3位の末端

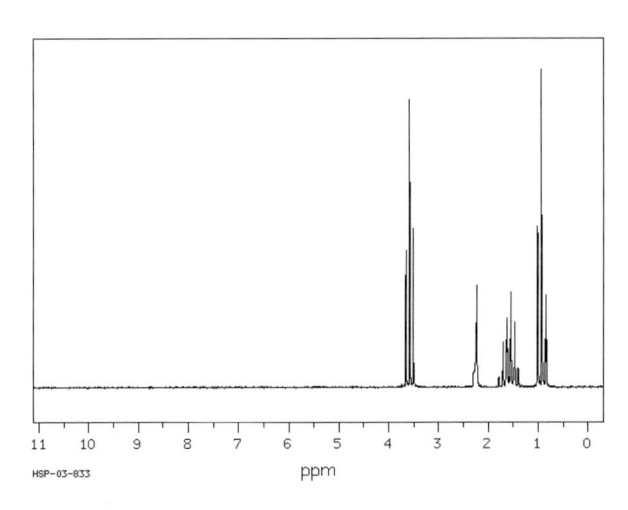

$$\begin{array}{cccc} & 1 & 2 & 3 \\ HO-&CH_2-&CH_2-&CH_3 \\ 2.26 & 3.58 & 1.57 & 0.94 \quad \delta\,(ppm) \end{array}$$

図 2.35 1-プロパノールの NMR スペクトル

独立行政法人産業技術総合研究所 SDBS より許可を得て転載．

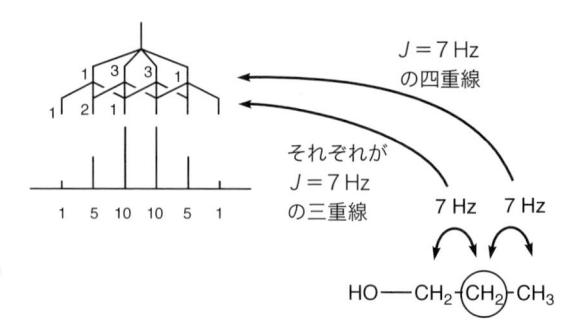

図 2.36 2位メチレン水素のピークの分裂

メチル基は隣接するのが2位のメチレンだから，エタノールと同じで三重線に分裂する．このとき1位のメチレンからの影響は，あいだにはさむ結合が4本になるので無視してよい．一方，1位のメチレン水素は隣接するのが2位のメチレンだからこちらもやはり三重線に分裂する．では真ん中の2位メチレンのシグナルはどうあらわれるだろう．このメチレンは片側が3位メチル基，もう片側が1位メチレンと結合している．これをさきほどのように順序だてて考えてみると，まずメチル基の影響で四重線に分裂する．その4本のピークがメチレンの影響でそれぞれ三重線に分裂する．

ややこしいがこういう場合は図を描いてみるとわかりやすい（**図 2.36**）．この場合いずれのC–C結合も自由回転するから，両者の結合定数は等しいと考えてよい．最終的な結果は六重線になる．結局，このような自由回転系のアルキル鎖では隣接水素のJ値は等しいから，すべての隣接水素数＋1本に分裂するというパスカルの三角形で考えることができる．だからいまの場合は，隣接水素がメチルの3＋メチレンの2＝5だから，5＋1で六重線になり，その強度比は，1：5：10：10：5：1ということになる．同様に，2-プロパノール（**図 2.37**）の2位のメチン水素は隣接位にメチル基が二つあるので，隣接水素6＋1の七重線に，

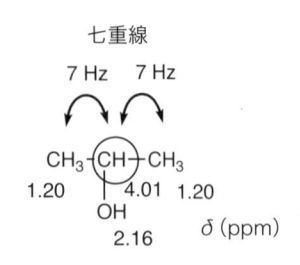

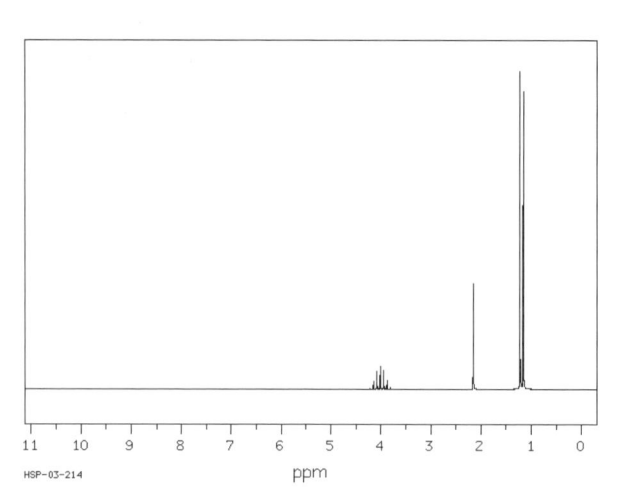

図 2.37 2-プロパノールのNMRスペクトル
独立行政法人産業技術総合研究所SDBSより許可を得て転載．

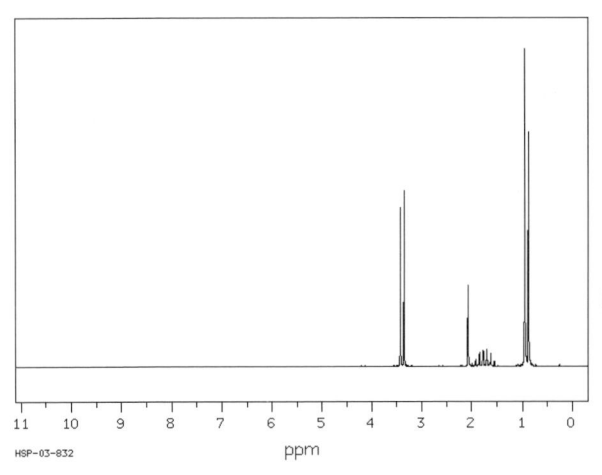

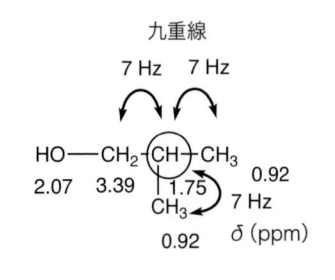

図2.38 2-メチル-1-プロパノールのNMRスペクトル
独立行政法人産業技術総合研究所 SDBS より許可を得て転載.

2-メチル-1-プロパノール（図2.38）の2位水素では隣接水素は8個だから九重線にあらわれる．ただし，このように分裂本数が多くなると個々のピーク強度は小さくなるため，端のほうの強度の低いピークは実際にはノイズにうもれて見えないことが多いので，実際のスペクトルの解析には注意する必要がある．

いろいろなカップリング

これまで隣接水素からの影響ということばを使ってきた．これをもう少し厳密にいうと，観測している水素が結合している炭素に隣接する炭素に結合した水素，という意味だ．カップリングという現象は結合電子を介した影響なので，この場合は3本の結合を隔てた位置にある水素どうしのカップリングということになる．カップリングあるいは結合定数をイタリック表記の J という記号であらわす．区別が必要な場合は介在する結合の本数を左肩に上つき数字で，またカップリングしている核の種類を右下に下つき文字であらわす．この場合は3本の結合を隔てたHとHの間のカップリングなので，$^3J_{HH}$ となる．

カップリングは ^1H と ^{13}C など異種核のあいだでも起こりうるが，いまの場合水素のNMRなので水素どうしのカップリングに話を限定しておこう．その場合，介在する結合の本数が3本以外の場合はどうだろう．結合が1本のとき，これはH–Hの水素分子になってしまうので有機化学的には意味がない．2本のとき（H–C–H）は同じ炭素上の2個の水素の関係だ．これをジェミナル(geminal)の位置関係という（図2.39）．エタノールのメチレン水素2個の関係がこれに相当する．エタノールの場合は2個の水素は等価でいずれも同じ位置にシグナルを与えるので，この場合 $^2J_{HH}$ は観測できない．しかし，なんらかの要因で同じ炭

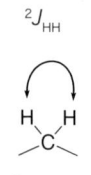

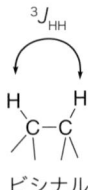

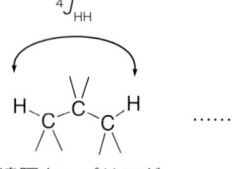

図2.39 いろいろなカップリング

素上の2個の水素が非等価になり，異なる化学シフトをもつ場合は $^2J_{HH}$ があらわれる．たとえばシクロヘキサン環のいす形配座が固定されている化合物でのアキシアル水素とエクアトリアル水素のような場合がそれに該当する．

ついで3本の場合はもっとも一般的な例で隣接炭素上の水素どうし．この関係をビシナル(vicinal)の位置関係という．

介在する結合が4本より多い場合は特別な場合を除いてカップリングは起こらない．相互関係が遠すぎてエネルギーの伝達がほとんどなくなってしまうからだ．ただ，あいだに二重結合をはさむなど特別な場合は $^4J_{HH}$，あるいは $^5J_{HH}$ が観測できる場合もある．これら $^3J_{HH}$ を超える遠い関係のカップリングを遠隔カップリング (long-range coupling) とよぶ．

結合定数

ここで分裂するときのピークどうしの間隔，すなわち結合定数の大きさについて説明しておこう．これはどのくらいのオーダーの数字かというと，たとえばエタノールの場合，$^3J_{HH}$ は約7 Hzくらいである．すなわちエタノールのメチレン水素のシグナルは7 Hz間隔に3本のシグナル，メチル水素のシグナルは7 Hz間隔に4本のシグナルに分裂している．ピークの大きさ(ピーク面積)は分裂しても変わらないので，分裂しているピークの面積の総和はもとの単一線分のシグナル(メチル基が水素3個分，メチレンが水素2個分の積分強度)と同じになる．

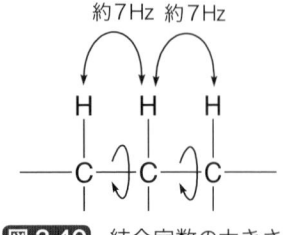

一般に，$^3J_{HH}$ の値は0～18 Hzくらいになる．自由回転する sp^3 炭素についた水素どうしの場合は，エタノールの例のように7～8 Hzでほぼ一定している(**図2.40**)．

図2.40 結合定数の大きさ

自由回転しないで角度が固定された系，たとえば環状化合物のような場合は，結合定数の値は，H-C-C-H間の二面角に依存する．この角度依存性は0度と180度で最大，90度で最小になることが経験的にわかっていて，これをカープラス(Karplus)則とよぶ．概略は**図2.41**のような曲線になるが，実際の化合物では二面角が0度や180度のとき

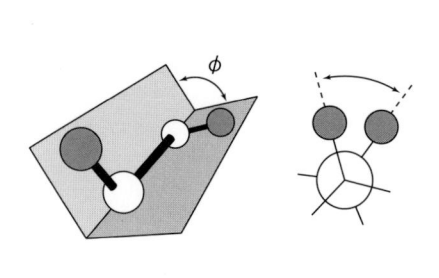

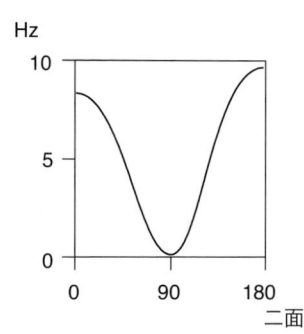

図2.41 カープラス則

は10 Hzを超える大きな値になることもある.

結合定数 $^3J_{HH}$ の値がこのように二面角依存性をもつことは立体化学の決定に重要である.たとえば,いす型シクロヘキサンの場合,隣接するアキシアル水素どうしの二面角は約180度であるのに対し,アキシアル水素とエクアトリアル水素では約60度,エクアトリアル水素どうしでも約60度となる(図2.42).このため,隣りあうアキシアル水素

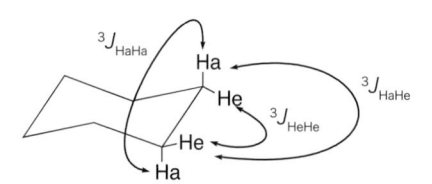

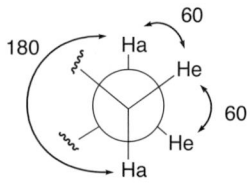

図2.42 シクロヘキサンの水素どうしの二面角

どうしの結合定数は12 Hz前後と大きいのに対し,アキシアル-エクアトリアル,エクアトリアル-エクアトリアルの関係の場合は2〜3 Hzと小さく,容易に区別が可能である.

また,sp^2 炭素に結合した水素どうしでは,一般にトランスの位置関係の場合11〜18 Hz,シスの場合6〜14 Hzとトランスのほうが大きいことが知られており,このことを利用したシス-トランス決定がよく行われる(図2.43).

ジェミナル水素どうしの $^2J_{HH}$ はかなり大きく,メチレンの2個の水素が非等価(化学的に等しくない,詳細は後述)な場合,そのあいだの結合定数は9〜15 Hzにもなる.

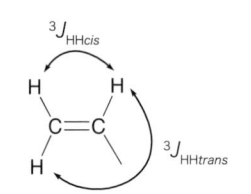

図2.43 シス-トランスの決定

それに対し,4結合以上はなれた遠隔カップリングの値は小さく,とくに sp^3 炭素の系ではほとんど0だが,あいだに二重結合をはさむといくらか大きくなり,アリル系(H–C–C=C–H)では $^4J_{HH}$ が0〜3 Hz,ホモアリル系(H–C–C=C–C–H)では $^5J_{HH}$ が0〜2 Hz程度の値になる(図2.44).

ベンゼン環の場合は,オルト位の水素の関係は sp^2 炭素のシスに相当するので約6〜9 Hzであるのに対し,メタ位の水素は遠隔結合($^4J_{HH}$)

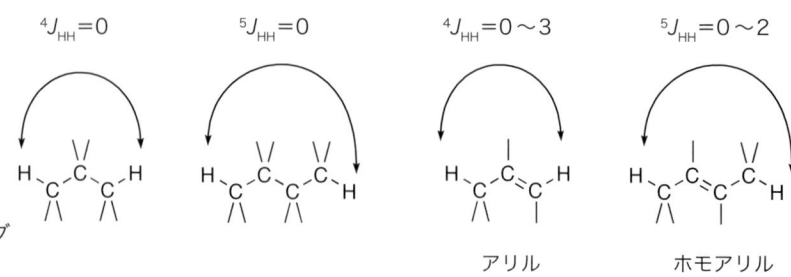

$^4J_{HH}=0$　　　$^5J_{HH}=0$　　　$^4J_{HH}=0〜3$　　　$^5J_{HH}=0〜2$

　　　　　　　　　　　　　　　　　　　アリル　　　　　　ホモアリル

図2.44 遠隔カップリングのおもな値

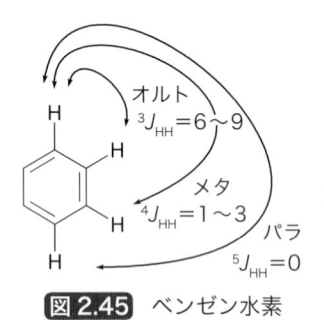

図2.45 ベンゼン水素
オルト $^3J_{HH}=6〜9$
メタ $^4J_{HH}=1〜3$
パラ $^5J_{HH}=0$

になり，結合定数は1〜3Hzと小さくなる．また，パラ位（$^5J_{HH}$）はほぼ0である（**図2.45**）．

スペクトル上の化学シフトと結合定数の関係

　化学シフトの大きさは外部磁場によって変化した．だから外部磁場の違いがスペクトル上にあらわれないように，化学的要因によるずれ（化学シフト）は外部磁場強度で割った値，すなわちppm単位であらわす工夫がなされていることをすでに説明した．ではカップリングの大きさ（結合定数）はどうだろう．結論からいうと，結合定数は外部磁場強度に依存しない数値なのだ．

　たとえば，アセトイン（3-ヒドロキシ-2-ブタノン）の二つのスペクトルを比べてみよう（**図2.46**）．上段が90 MHz，下段が400 MHzの磁場強度をもつ装置で測定したものである．上段をみると，δ 1.39に二重線，δ 2.22に単一線，δ 3.6〜3.9にやや幅広い単一線，δ 4.27に四重線のシグナルがみえる．構造式から，二重線のシグナルがアルコール側の4位のメチル基で隣の3位のメチン水素とカップリングしており，ケトン側の1位メチル基が単一線であらわれていることがすぐわかるだろう．同様のシグナルは下段のスペクトルにもあらわれていて，外部磁場が異なっても，δ表記するとシグナルは同じ位置にあらわれていることがわかる．ところがメチル基とメチンのカップリングのようすをみると，400 MHzで測定したほうが分裂したピークの間隔は明らかに狭いのに気がつく．なぜだろう．

　これは単純なトリックだ．つまり，スペクトルの横軸はppm目盛でうってあり，低磁場側の左端がδ 10，高磁場側の右端がδ 0になっている．化学シフトをδ値すなわち割合で表示する限り外部磁場の影響は排除されるから，4位のメチル基はδ 1.39にシグナルを与え，3位メチンはδ 4.27にシグナルを与える．もしこの横軸をHzで表示したらどうだろう．端から端まで10ppmの間隔は400 MHzの磁場ならば10/100万だから4000 Hz幅になるし，90 MHzの磁場の装置なら

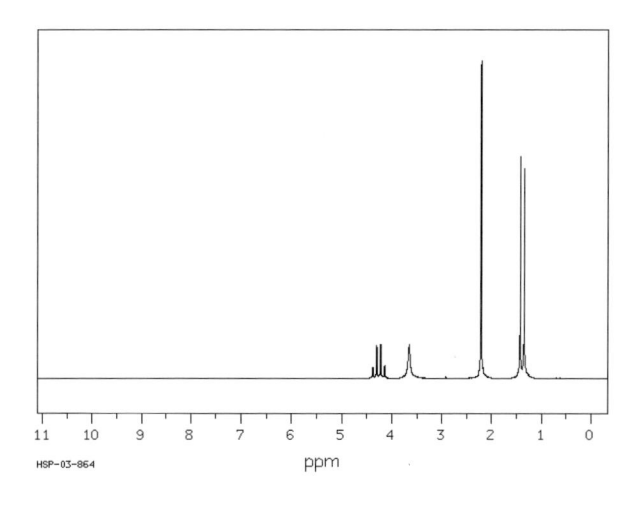

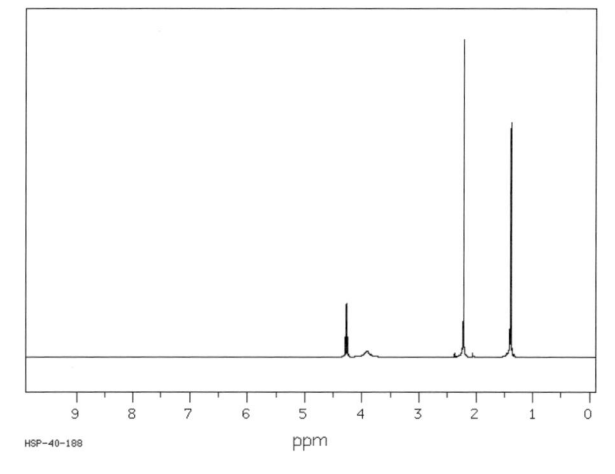

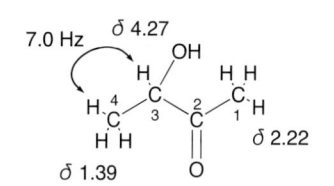

図 2.46 アセトインの NMR スペクトル

上：90 MHz，下：400 MHz．独立行政法人産業技術総合研究所 SDBS より許可を得て転載．

900 Hz 幅になる．すなわち，同じ 10 ppm 幅のチャートでも 400 MHz と 90 MHz では目の細かさが異なっている．だから，同じ 7 Hz 幅のカップリングによる分裂が，90 MHz では相対的に大きく，400 MHz では狭くみえているのである．実際に 400 MHz のほうのチャートを横方向に 400/90 = 4.44 倍拡大すれば，Hz 目盛が等しくなるので分裂間隔も等しくなる．そのかわりこのように Hz 表示を一定にしたときは化学シフトによる差（メチル水素の位置とメチン水素の位置）は 4.44 倍大きくなる．

　化学シフトと結合定数の関係が理解できただろうか．このことを利用すると，たとえば次のようなことがわかる．いまスペクトル上に 2 本のシグナルがあったとしよう．これが 2 種類の水素による単一線 2 本なのか，あるいは 1 種類の水素がカップリングで分裂した二重線なのかを判断するにはどうすればよいだろう．答えは，100 MHz と 200 MHz のような磁場強度の違う 2 種類の装置で測定してみればよい．もし単

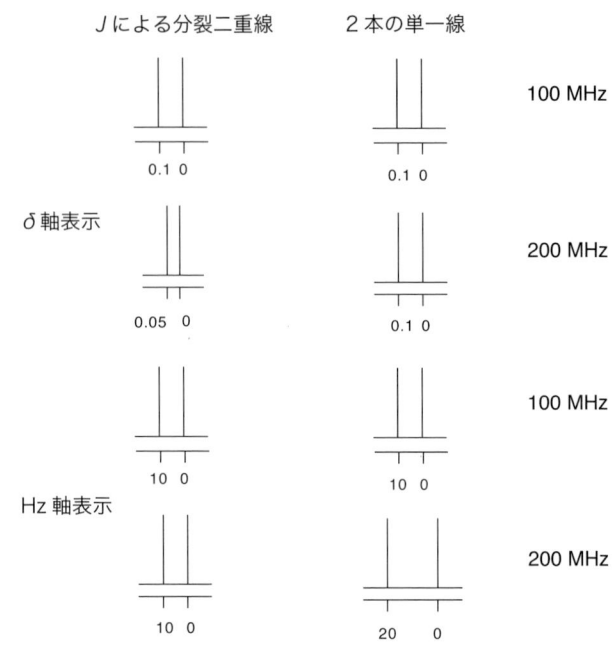

図 2.47 2本のシグナルの関係を判別する

一線2本であれば，どのような装置で測定しようと，それぞれのピークの化学シフトをδ値であらわした値は同じになる．ところがこれがカップリングによる二重線であれば，そのδ値は変化する．Hzであらわした間隔は磁場強度に依存しないが，横軸をppm目盛であらわすと1 ppmのHz数は磁場強度によって変わってくるからである．もちろん横軸をHzでとるとその逆で，二重線シグナルの間隔は外部磁場に依存しないので変化せず，2本の単一線シグナルの間隔は化学シフト差すなわち外部磁場に依存するので200 MHz機で測定すると100 MHz機のときの2倍になる（**図2.47**）．

複雑なカップリングパターン

ある水素が複数の水素とカップリングをするときに，そのJ値が等しい場合は，パスカルの三角形にしたがって水素数＋1本の多重線に分裂するという説明をすでにした．これはあくまでもカップリングする相手の水素とのJ値が等しい場合の話だ．実際の分子ではその水素どうしの環境によってJ値はいろいろな値をとる．そういう場合はどう考えればよいのだろう．

たとえばフェルラ酸（4-ヒドロキシ-3-メトキシケイヒ酸）のベンゼン環プロトンについて考えてみよう（**図2.48**）．フェルラ酸は三置換ベンゼンであり，2位，5位，6位に3個の水素がある．それらの関係は

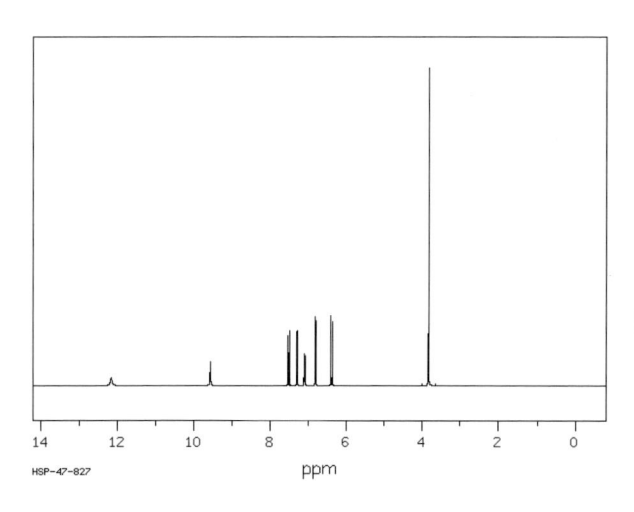

図2.48 フェルラ酸のNMRスペクトル

独立行政法人産業技術総合研究所 SDBSより許可を得て転載.

2位と5位がパラ，2位と6位がメタ，5位と6位がオルトになっている．

　フェルラ酸のベンゼン環上の水素のJ値はオルトで8.0 Hz，メタで2.0 Hz，パラで0 Hzである．2位の水素は5位のパラ位の水素とはカップリングせず，6位のメタ位水素だけを考えればよいから，$J = 2.0$ Hzの二重線に分裂する．また5位の水素は2位のパラ位水素との関係はやはり無視しうるので6位のオルト水素とのカップリングによって$J = 8.0$ Hzの二重線となる．

　では，6位水素はどうだろう．この水素に影響を与えるのは5位のオルト位水素と2位のメタ位水素と2種類ある．そしてそれぞれの結合定数は異なっている．こういう場合は，さきにやったように段階的に考えればよいのである．まず，オルト位の水素によって$J = 8.0$ Hzの二重線に分裂し，それぞれのピークがこんどはメタ位の水素によってさら

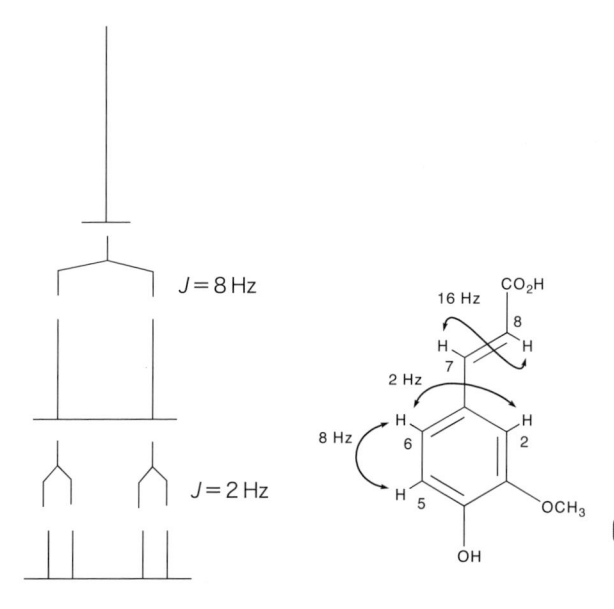

図2.49 フェルラ酸6位水素のピークの分裂

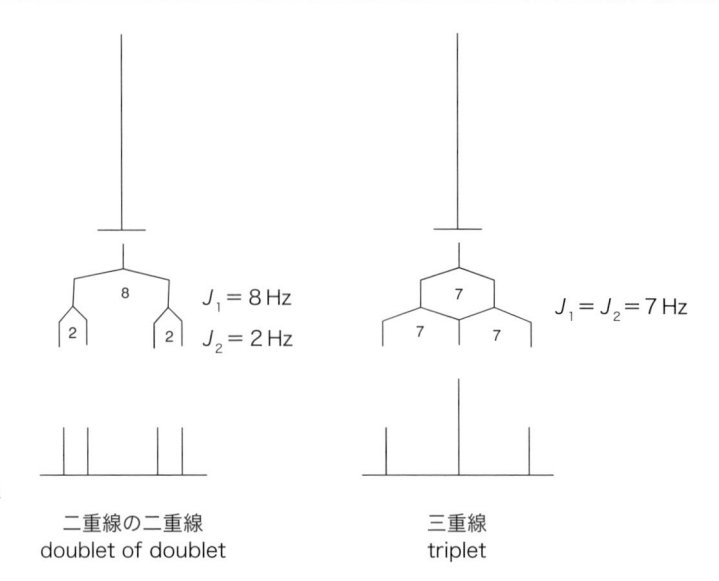

図 2.50 J 値によって多重線の2段階の分裂は異なるピークを与える

二重線の二重線
doublet of doublet

$J_1 = 8\,\text{Hz}$
$J_2 = 2\,\text{Hz}$

三重線
triplet

$J_1 = J_2 = 7\,\text{Hz}$

に2.0 Hz間隔に分裂する（図2.49）.

　今度は2段階のJ値が異なっているため，真ん中のピークは重ならないので結局，4本のピークとなる．こういう場合も図を描いてみると一目瞭然だ．このように異なるJ値によって2段階に分裂した多重線について，二重線がさらに二重線になったから，dd（doublet of doublet）とあらわす．等価な2個の水素によって三重線に分裂するのは，同じJ値で2段階に分裂したものと考えても同じことなのがわかるだろう（図2.50）．また，このとき真ん中のピークの強度が2倍になる理屈もよくわかる．

　p-クロロスチレン（図2.51）のアルケン水素のような場合も，HaとHb，HaとHc，HbとHcの3種類のJ値がすべて異なるため，Ha，Hb，Hcのいずれの水素も doublet of doublet としてあらわれる．J値

図 2.51 p-クロロスチレンのNMRスペクトル
独立行政法人産業技術総合研究所SDBSより許可を得て転載.

の大きさは，二重結合に対してトランスの水素どうしがもっとも大きくて 18 Hz，シスが 11 Hz，sp^2 炭素についてのジェミナルな $^2J_{HH}$ が 2 Hz である(図 2.52).

なお，このような多段階の分裂をダイアグラムで書くときは，一番大きな J 値の分裂から順に書くとわかりやすい．小さな J 値をさきに書くと，途中で分裂線が交差してわかりにくくなるからだ(図 2.53).

実際に分裂している多重線を解析するときは，逆に小さい J 値の分裂からたどっていくのがよい．こうすると，複数回の二重線への分裂の場合，それが何段階になっていても，あらわれている多重線の最も外側の分裂線とそのすぐ内側の分裂線との間隔が最も小さい J 値 (c)，一つお

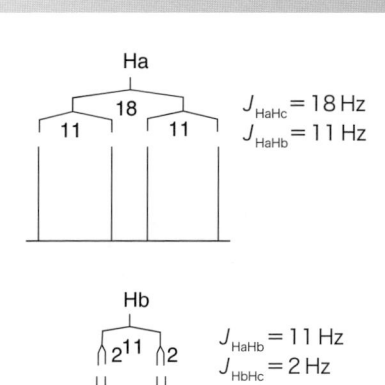

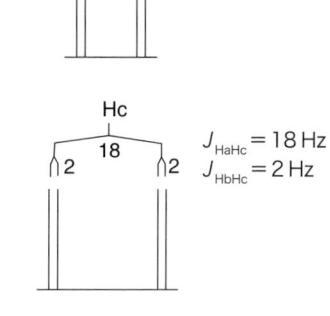

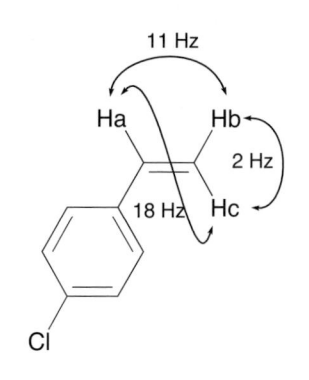

図 2.52　*p*-クロロスチレンアルケン水素のピークの分裂

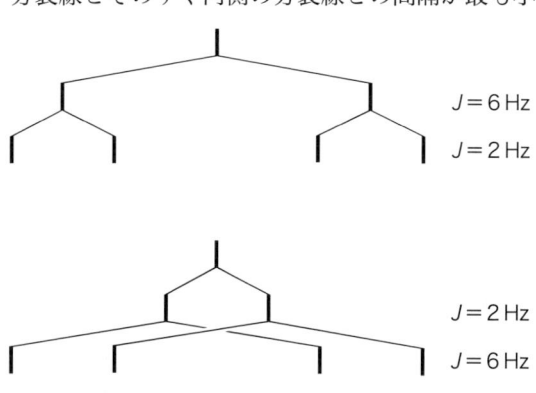

図 2.53　どういう順番で分裂させても結果は同じだが…

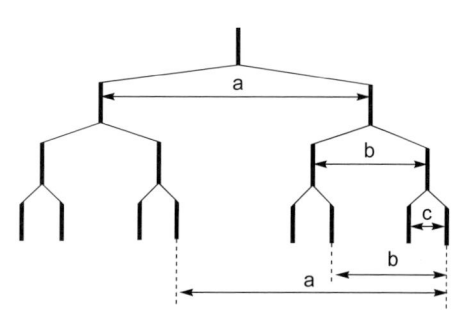

図 2.54　多重線の解析は小さい J 値の分裂から

いた内側の分裂線との間隔が二番目に小さい J 値 (b) に相当することがわかる (**図 2.54**). このことは多重線の解析のときにおぼえておいて損はない.

化学的等価と磁気的等価

ここで等価と非等価について説明しておこう. これまでもエタノールのメチレンの 2 個の水素は等価であるとか, メチレンの 2 個の水素が非等価な場合はその水素どうしの $^2J_{HH}$ によるカップリングが生じるなどといってきた. 等価と非等価とはどういう意味なのだろう. 等価 (equivalent) ということばは普通の化学用語としても使われるが, NMR で使う場合はちょっと意味するところが異なるので注意が必要だ.

普通の意味の等価, すなわち化学的等価というのはそれらの水素の化学的性質, 反応性が等しいという意味だ. たとえば, 2-ブロモエタノー

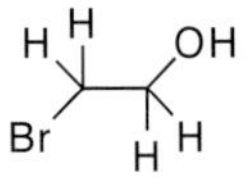

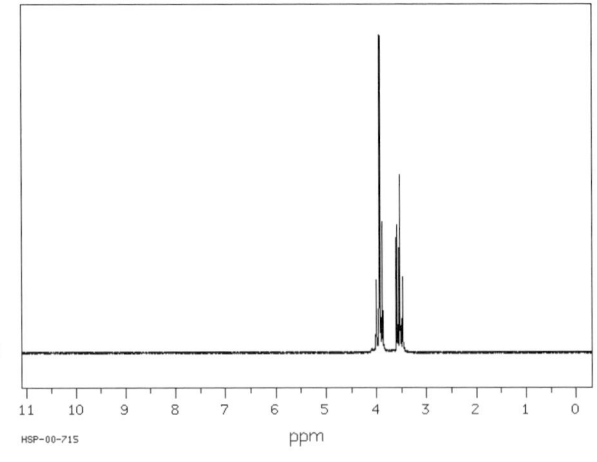

図 2.55 2-ブロモエタノールの NMR スペクトル

独立行政法人産業技術総合研究所 SDBS より許可を得て転載.

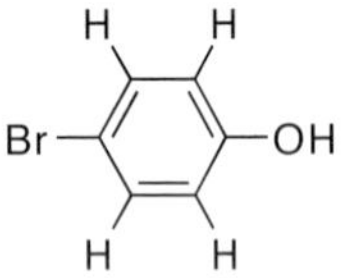

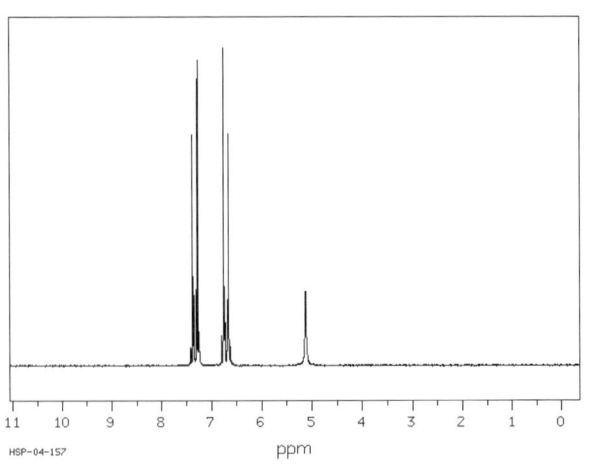

図 2.56 p-ブロモフェノールの NMR スペクトル

独立行政法人産業技術総合研究所 SDBS より許可を得て転載.

ル（図 2.55）の 1 位および 2 位の 2 個のメチレンのそれぞれ 2 個の水素はどちらも等価であり，化学的に区別することはできない．厳密にいうとプロキラルという意味で不斉分子によって区別することはできるが，不斉を認識しないアキラルな分子によっては区別できないという意味である．化学的に等価ということは化学的環境が等しいわけだから，当然化学シフトが等しいということであり，2-ブロモエタノールのメチレン水素はどちらも 2 個分のシグナルとして重なってあらわれる．

さて，では p-ブロモフェノール（図 2.56）ではどうだろう．この分子にはやはり 4 個の水素があり，分子の対称性によって，ヒドロキシ基のオルト位の 2 個の水素とメタ位の 2 個の水素は等価なようにみえる．もちろん化学的性質，反応性によってこれらの 2 個の水素を区別することは不可能だから，これらは化学的に等価であり，同じ化学シフトをもつ．ここまでは 2-ブロモエタノールのケースと変わらない．ところが，この両者には本質的な違いがある．結論からいうと，2-ブロモエタノールの二組のメチレン水素 2 個は磁気的にも等価であるのに対し，p-ブロモフェノールのオルト位 2 個あるいはメタ位 2 個の水素は磁気的に非等価なのである．

この磁気的等価性とはなんだろう．化学的に等価な水素は化学シフトが等しいと書いた．磁気的に等価な水素はそれに加えてカップリングも等しい必要がある．2-ブロモエタノールの臭素側のメチレン水素のうち 1 個（Ha_1）と隣接するヒドロキシ基側のメチレン水素 2 個（Hb_1, Hb_2）とのカップリングを考えてみよう．メチレン間の C-C 結合は自由

δ (ppm)

$\nu_{a1} = \nu_{a2}$

$J(Ha_1, Hb_1) = J(Ha_2, Hb_1)$

$J(Ha_1, Hb_2) = J(Ha_2, Hb_2)$

2-ブロモエタノール

$\nu_a = \nu_{a'}$

$J(Ha, Hb) \neq J(Ha', Hb)$

$J(Ha, Hb') \neq J(Ha', Hb')$

p-ブロモフェノール

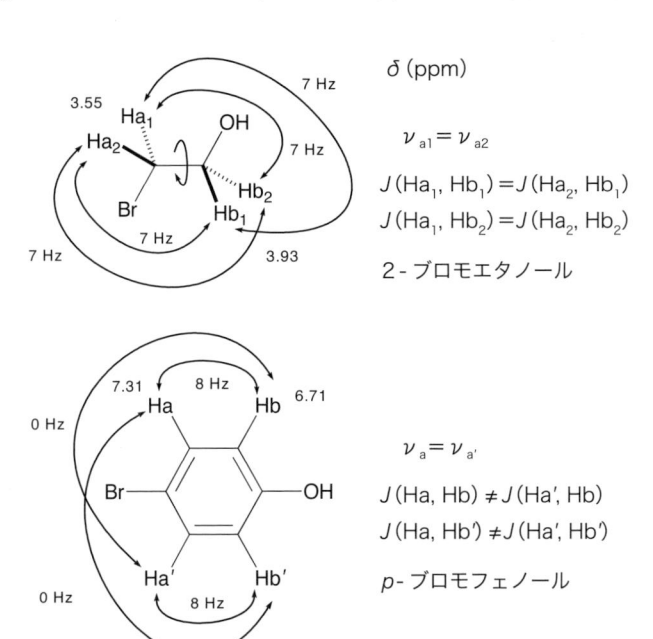

図 2.57 磁気的等価性と非等価性

に回転するから，二面角は平均化されて，この結合定数は約 7 Hz となる．またもう 1 個のメチレン水素 (Ha_2) についてみても，やはり自由回転によって隣接するメチレン水素 2 個との結合定数は 7 Hz になる．つまり，このメチレン水素 2 個は化学シフト (ν) が等しいうえに，隣接するメチレン水素とのあいだの結合定数 (J) も等しいことになる．これが磁気的に等価ということだ (図 2.57)．

一方，p-ブロモフェノールではどうか．臭素のオルト位の水素の一方 (Ha) から隣接する水素 (Hb) への関係は当然オルトの関係だ．ところがもう一方のオルト位水素 (Ha′) からさきほどの Hb への関係は今度はパラになる．オルトどうしの水素の結合定数は約 8 Hz，パラどうしはほぼ 0 Hz だから，明らかに両者の結合定数は異なる．つまりこの 2 個の臭素のオルト位の水素 (Ha, Ha′) は化学シフトは等しいが，ある特定の水素とのあいだの結合定数は異なることになる．つまり，磁気的に非等価なのである．

Pople 表記法と二次相互作用

カップリングによって順次つながってネットワークを形成している一連の水素をスピン系という．スピン系の区別をあらわす記号として Pople の表記法がよく用いられる．これは化学的に非等価な水素を異なるアルファベットで区別し，メチル基のように等価な水素が複数ある場合は下つき添え字で個数をあらわす方法だ．このとき化学シフトが近い水素は ABC のように近いアルファベットで，化学シフトが遠く離れた場合は A と X のように離れた文字であらわす．また，化学的に等価でも磁気的に非等価な水素は ′ をつけて区別する．つまり，2-ブロモエタノールは A_2X_2 系，p-ブロモフェノールは AA′XX′ 系となる．エタノールのエチル基は A_3X_2 系だ．

化学シフトが遠く離れているか近いかでなぜ文字を変えるのかについてはちょっと説明が必要だろう．たとえば，$J = 7$ Hz でカップリングしている二つの水素があったとしよう．両者の化学シフトが遠く離れている場合，そのシグナルはきれいな二重線が二つにあらわれる．ところが両者の化学シフトが近いと，お互いの二次的相互作用が生じてピークの形状が変化するのである．その場合，見かけのシグナルの形が本来の二重線ではなくなってしまうので，カップリングパターンから隣接水素情報を解析することが困難になってしまうことがある (図 2.58)．

一般に Hz であらわした化学シフトの差 ($\Delta\nu$) が，J 値のだいたい 5 倍以上離れていればシグナルの形がくずれることなく解析が可能であるが，それ以下に近づくと二次作用があらわれる．だから $J = 7$ Hz

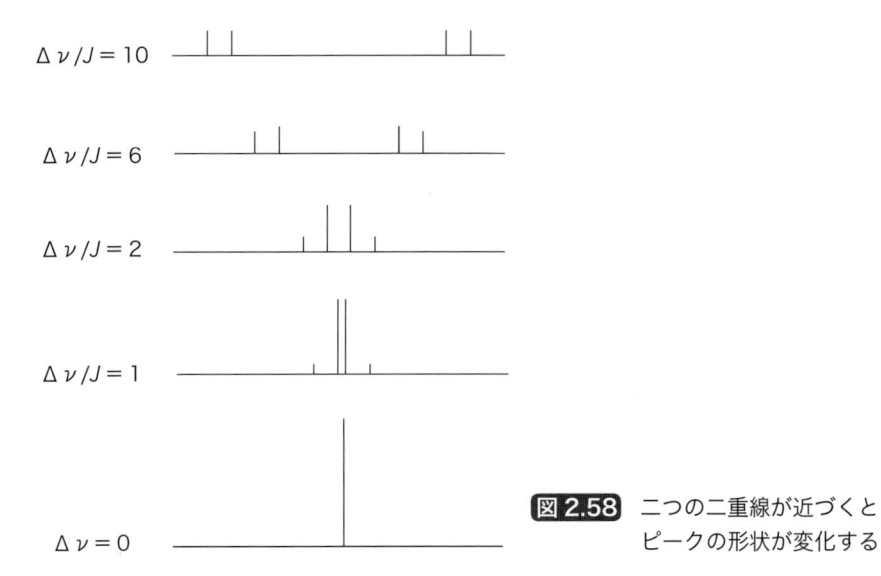

図 2.58 二つの二重線が近づくとピークの形状が変化する

の二重線の場合は，化学シフト差 35 Hz が境い目ということになる．35 Hz の差は 500 MHz の装置では 0.07 ppm，100 MHz の装置では 0.35 ppm になる．これくらい化学シフトが離れていれば OK ということだ．Pople の表記法での近い，遠いの境い目も厳密なものではないがこのあたりと考えてよい．

実際に，3-ヒドロキシプロピオンニトリル（図 2.59）と 2-クロロエタノール（図 2.60）の 90 MHz のスペクトルを比較してみると，前者では 2 個のメチレン間の化学シフト差が $\Delta\nu = 112$ Hz で，$\Delta\nu/J = 16$ となり，きれいな三重線が二つ観測されるのに対し，後者では 2 個のメチレン間の化学シフト差は $\Delta\nu = 18$ Hz しかなく，$\Delta\nu/J = 2.6$ となって，シグナルの形状がくずれているのがわかる．

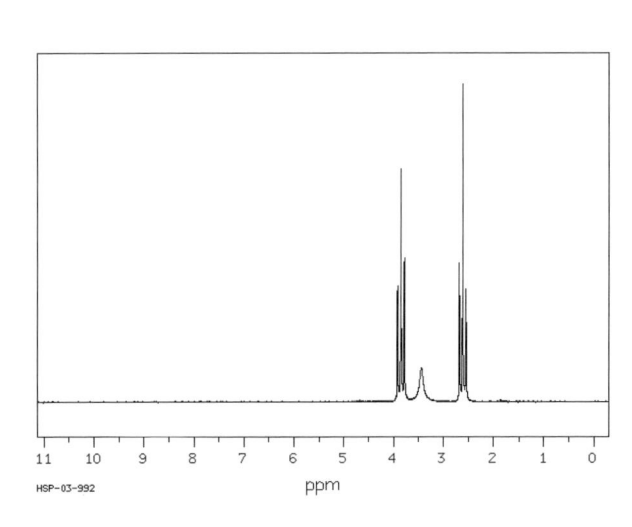

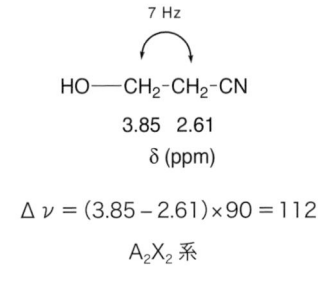

7 Hz

HO—CH_2-CH_2-CN
　　　3.85　2.61
　　　　　δ (ppm)

$\Delta\nu = (3.85 - 2.61) \times 90 = 112$

A_2X_2 系

図 2.59 3-ヒドロキシプロピオンニトリルの 90 MHz NMR スペクトル
独立行政法人産業技術総合研究所 SDBS より許可を得て転載．

7 Hz

HO—CH$_2$-CH$_2$-Cl
3.87　3.67
δ (ppm)

Δν = (3.87 − 3.67)×90 = 18

A$_2$B$_2$系

図 2.60 2-クロロエタノールの 90 MHz NMR スペクトル
独立行政法人産業技術総合研究所 SDBS より許可を得て転載.

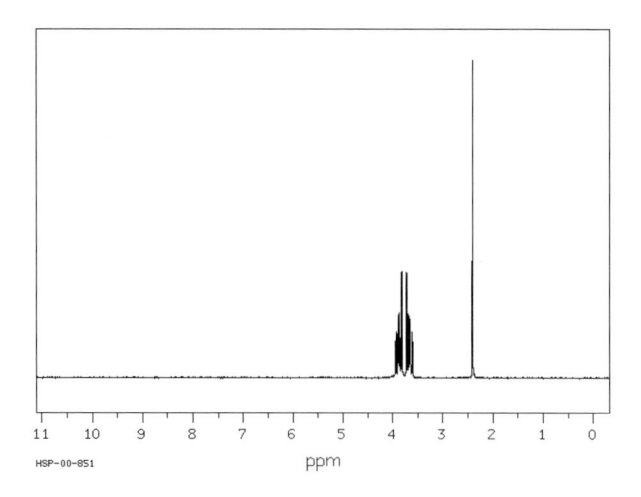

　カップリングしている水素どうしの化学シフトが近いと解析がしにくくなる，というときの化学シフト差は Hz であらわした値なので，上記のように外部磁場強度が異なると ppm であらわした値は変わってくる．つまり，たとえば $J = 7\,\mathrm{Hz}$ でカップリングしている水素のペアの化学シフト差が 0.3 ppm しかない場合は，100 MHz の装置では 0.3 ppm は 30 Hz だから $\Delta\nu/J = 30/7 = 4.3$ となって AB 系となり解析しにくいが，同じ化合物を 500 MHz の装置で測定すると 0.3 ppm は 150 Hz となり，$\Delta\nu/J = 150/7 = 21.4$ の AX 系となり容易に解析が可能になる．このことを考えても，磁場強度の大きい装置で測定することがいかに有利であるかがわかる．

非等価な水素のいろいろ

　化学的な等価性は磁気的等価性に比べるとわかりやすいが，それでも思わぬ状況で非等価になるケースがあるから注意が必要だ．たとえばいす型配座のシクロヘキサンのメチレン水素をみてみよう．

　室温でシクロヘキサン分子そのものを測定すると，水素のシグナルは 1 本しかあらわれない．すなわちシクロヘキサンの 12 個の水素はすべて化学的に等価である．ご存じのようにシクロヘキサンの水素はアキシアルとエクアトリアルの 2 種あるが，室温では環の反転が起こって平衡状態にあるために，両者の区別はつかないからだ．ところが −100 ℃ くらいの低温で NMR を測定すると水素のシグナルは 2 種類あらわれる．十分低い温度では環の反転に必要なエネルギー障壁を越えられないので，アキシアル水素とエクアトリアル水素との変換ができなくなり，それぞれが区別されてシグナルとなるためだ（**図 2.61**）．

　シクロヘキサノールのようにシクロヘキサン環に置換基がつくと，そ

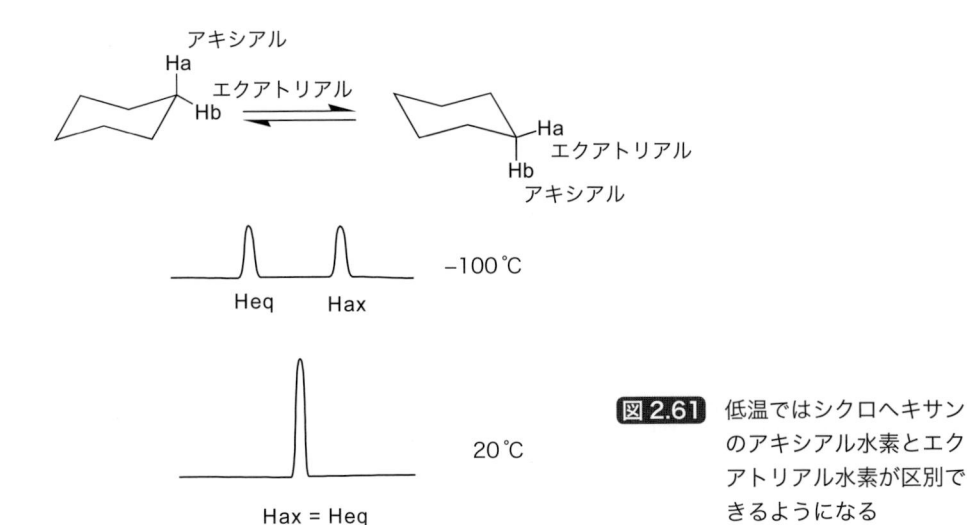

図 2.61 低温ではシクロヘキサンのアキシアル水素とエクアトリアル水素が区別できるようになる

の置換基が安定なエクアトリアル配向になるような配座に固定されるので，室温でもアキシアル水素とエクアトリアル水素が区別できるようになる．すなわちメチレン水素2個が非等価になる．このように環に組み込まれたメチレン水素はたいてい非等価になることが多い．

ところで，では鎖状化合物のメチレンのように自由回転する系ではどうだろう．2-ブロモエタノールのメチレン水素は等価だった．しかし，鎖状でもメチレン水素が非等価にあらわれる場合があるので注意が必要だ．たとえばブロモコハク酸（$HO_2C-CHBr-CH_2-CO_2H$）のメチレン水素2個は非等価にあらわれる（**図 2.62**）．

このメチレン-メチンはA_2X系ではなくABX系なのである．もちろんメチレンとメチンのあいだの結合は自由回転できる．しかし，この場合のメチン炭素は不斉炭素であることに注意してほしい．このメチレン-メチン間の結合についてニューマン投影図を描いてみると，どういう

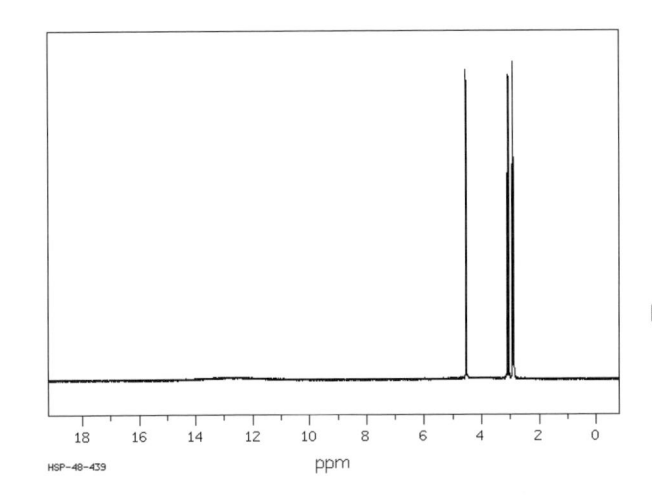

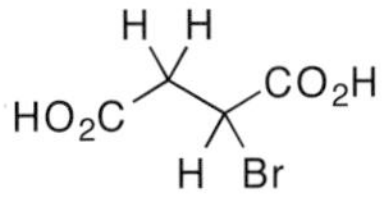

図 2.62 ブロモコハク酸の NMR スペクトル

独立行政法人産業技術総合研究所 SDBS より許可を得て転載．

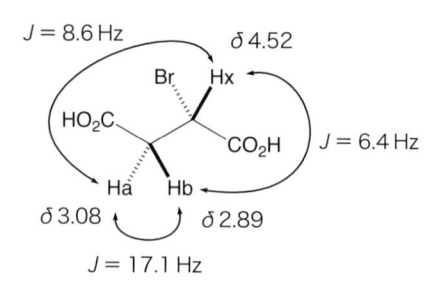

図 2.63 ブロモコハク酸の 2 個のメチレン水素は等価にならない

配座をとったときにも 2 個のメチレン水素のそれぞれは隣接するメチン炭素上の置換基(カルボキシ基，ヒドロキシ基，水素)との相対位置関係が等しくならないことがわかる(**図 2.63**).

隣接する置換基との空間的位置関係が異なれば，その置換基による磁気異方性の効果が変わってくるから当然化学シフトに影響が及ぶ．つまり不斉炭素に隣接するメチレン水素は非等価にならざるをえないわけだ．

また，単結合に関する自由回転性の束縛による非等価性というのもあって，アミドのC–N結合が典型的な例となる．N,N-ジメチルホルムアミド(**図 2.64**)の 2 個の N-メチル基はNMRスペクトルでは 2 本の単一線としてあらわれる．これはアミドのC–N結合が窒素上のローンペアの共鳴効果によって二重結合性をおびているために，自由回転が制限され，カルボニル基に空間的に近いメチル基と遠いメチル基の 2 個が非等価になるためである．通常のアミン，N,N-ジメチルエチルア

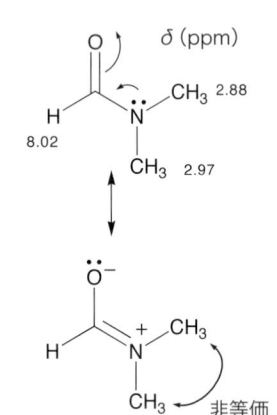

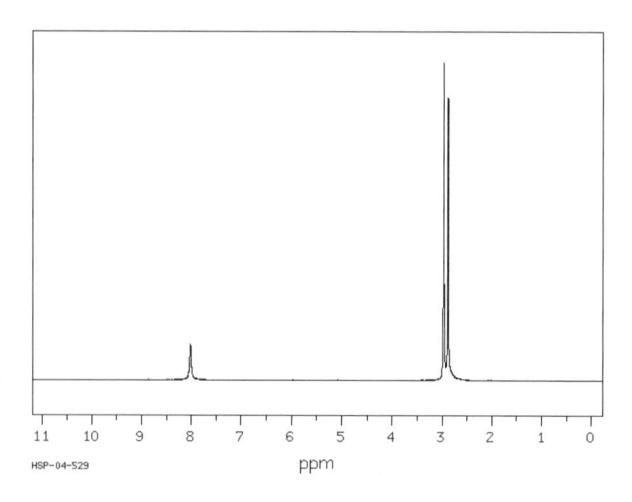

図 2.64 N,N-ジメチルホルムアミドの NMR スペクトル

独立行政法人産業技術総合研究所 SDBS より許可を得て転載．

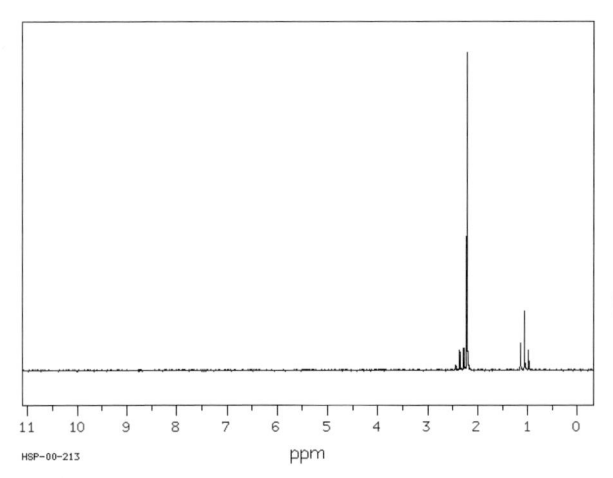

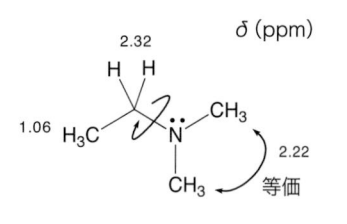

図 2.65 N,N-ジメチルエチルアミンの NMR スペクトル

独立行政法人産業技術総合研究所 SDBS より許可を得て転載.

ミン（**図 2.65**）の 2 個のメチル基では共鳴の寄与がないため 2 個のメチル基は完全に等価であり，1 本の単一線であらわれる．

デカップリング

　二つの水素どうしが独立してカップリングしているような系では解析は容易だが，水素がたくさんあって複雑にカップリングしている分子では，それぞれの水素のシグナルが複雑な分裂線になってそのままでは解析が困難な場合がある．また，そうでなくても同じ J 値で分裂した二重線のペアが二組存在する場合，スペクトル上に同じ間隔の二重線が 4 個あって，いったいどの水素のカップリングの相手がどの二重線なのか判断がつかないこともありうる．こういう場合にはあとで述べる二次元 NMR による解析が有効だが，ここでは古くから用いられているデカップリングの手法を紹介しよう．

　デカップリング (decoupling) とは，その名のとおりカップリングをはずすことだ．カップリングしている相手の水素のシグナルを消去することによってその影響をスペクトル上からなくしてしまう手法がデカップリングである．

　特定の水素シグナルの消去はどうやってやるのだろうか．それには飽和現象を用いる．FT-NMR では測定時にすべての水素に強いパルスをかけて磁化ベクトルを xy 平面上に倒すことから測定を開始した．このとき，ある特定の水素に狙いをさだめてその水素のみに同時に別の強いパルスを照射すると，その水素のシグナルは飽和してしまい，シグナルは消失する．スペクトル上からその水素シグナルだけが消えるわけだ．

　飽和してしまった水素は α スピンと β スピンの区別ができなくなるから，その水素とカップリングしているはずの水素のシグナルからカッ

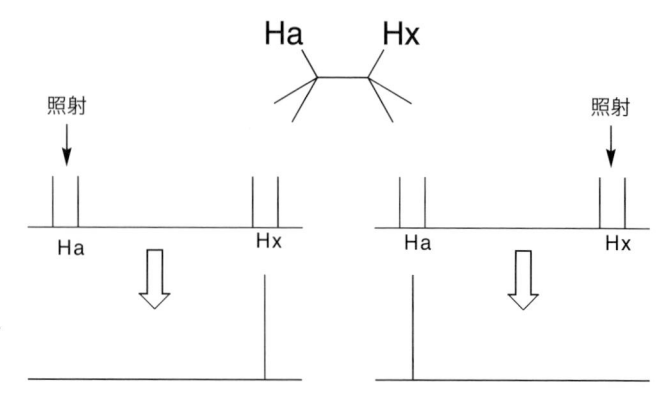

図 2.66 飽和によるカップリングの消失

プリングが消えてしまう．AX系の二重線のペアでAのシグナルを照射するとAのシグナルは消失し，Xのシグナルは二重線ではなく単一線になることになる．逆にXを照射するとAが単一線になる（図2.66）．エタノールのようなA_3X_2系でメチル基のシグナルを照射すると，メチレンのシグナルは四重線から単一線に変化する．

このように特定のカップリングを消すことによって複雑に分裂したシグナルを単純化することができるので，解析が容易になる．現在はすぐれた二次元NMR法があるのであまり行われなくなったが，以前はいろいろなシグナルを順次照射してスペクトルを測定し，もとのスペクトルと比較してどこが変化したのかをみるということがよく行われた．

デカップリングは複雑なスピン系のシグナルの解析に有効な方法であるが，ある特定の水素を照射するときの選択性が問題になることがある．つまり，デカップリング照射位置のシグナルがほかのシグナルから遠く離れて孤立しているときは問題ないが，近くに別のシグナルがある場合，目的の水素だけを選択的に照射することが難しい．隣の水素にも照射の影響が及ぶと，その水素とカップリングしているシグナルの形が変化したりするので，結果の解釈が混乱したりするからである．照射したエネルギーが何Hzの範囲に及ぶかはパルスの出力と照射時間で決まるが，こういう場合，やはりピークの分離のよい磁場強度の大きい装置を使用すると隣接水素とのHzであらわした間隔が広がるので利点がある．

また，シグナルが複雑に重なって照射前と照射後のスペクトルの変化が見分けづらいときは，差スペクトルが有効だ．これは照射後のスペクトルから照射前のスペクトルを差し引いたもので，照射前後で変化しないシグナルは相殺されて消えてしまい，変化した部分だけが残るので，解析が容易になる．たとえば，照射前に二重線だったシグナルが照射後に単一線に変化した場合は，元の二重線がマイナス向き，単一線がプラス向きにシグナルが残る（図2.67）．

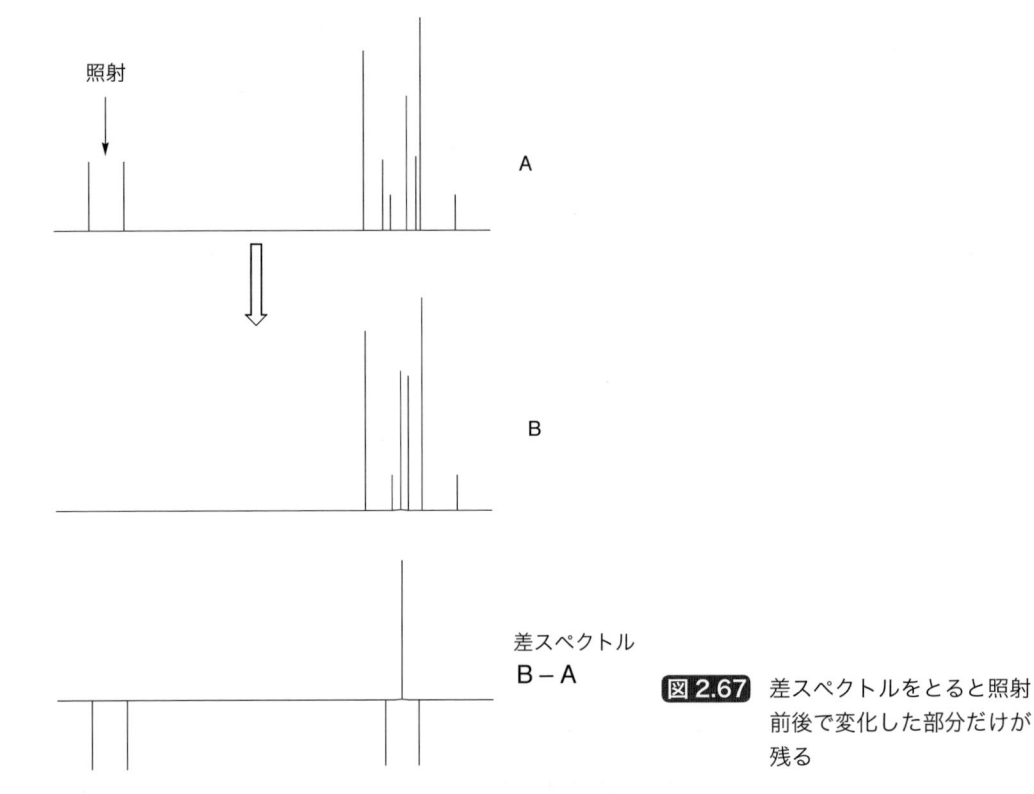

図 2.67 差スペクトルをとると照射前後で変化した部分だけが残る

酸素に結合した水素：カップリング

　これまでは炭素に結合した水素の話をしてきたが，たとえばアルコールのヒドロキシ基などヘテロ原子(炭素以外の原子)に結合した水素の例をみてみよう．どんな違いがあるだろうか．

　エタノールのヒドロキシ基のプロトンは，隣のメチレン水素と3結合を介した関係にあるにもかかわらず通常はカップリング現象がみられない(p.63 図 2.27)．これはなぜだろう．酸素，窒素などヘテロ原子に結合した水素は酸性を示すので，水素イオンとして解離しやすい特性をもっている．NMR測定時の試料溶液中には微量の水分や解離を促進する酸性不純物が多少なりとも混入しており，その影響で化合物のOH水素は溶液中に存在する水素イオンと平衡状態になっている(図 2.68)．

　カップリングが起こるためには，観測水素に対する隣接水素のスピン状態(α, β)の違いが重要だった．いまエタノールのメチレン水素を観測するときに，隣接するヒドロキシ基の水素がαあるいはβの2種類

図 2.68　OH水素と溶液中の水素イオンとの平衡

あってそれが区別できれば当然カップリング現象が起こる．ところがさきにいったように，この水素は溶液中の水素イオンと平衡状態にある．するとある瞬間はαスピン水素であったものが，溶液中の水素イオンとのすばやい交換によって次の瞬間にはβスピン水素に置き換わってしまうことがありうることになる．つまりヒドロキシ基の水素と溶液中の水素とのあいだの交換速度が十分速ければ，αとβの区別がなくなってしまう．すなわちあたかも隣接位に水素が存在しないのと同じになるので，カップリングはあらわれないのである．

　逆に，ヒドロキシ基の水素を観測する場合も同様で，隣接メチレン水素とのカップリングは生じない．これがエタノールのスペクトルでメチレン水素には隣接メチル基とのカップリングだけがあらわれ，ヒドロキシ基の水素は単一線であらわれる理由だ．

　もし，とても注意深く溶液を精製して微量の水分や水素交換の触媒となる酸性不純物を除去してやれば，ヒドロキシ基の水素と溶液中の水素イオンの交換が起こらなくなるので，ちゃんとヒドロキシ基の水素とメチレン水素のあいだにはカップリングがみられるようになる．ただし通常このような特別な精製をしない限り，ヒドロキシ基の水素はカップリングを起こさないと考えてよい．

　このように通常はヒドロキシ基の水素は単一線であらわれ，カップリングによる分裂が問題になることはほとんどない．グルコース分子のようにヒドロキシ基をたくさんもつ分子では，ヒドロキシ基プロトンのカップリングがすべてあらわれるとスペクトルはとても複雑になって解析が難しくなってしまうから，こういう場合はカップリングが消えているほうが都合がよいともいえる．

　しかし逆に構造情報としてヒドロキシ基プロトンとのカップリングが見えたほうが望ましい場合もある．そういう場合に特別に用いられるのがジメチルスルホキシド（DMSO）溶液である．溶液中の微量の水分や酸を完全に除くのは手間がかかるうえに難しい．ところがDMSO溶液はそのままでちゃんとヒドロキシ基プロトンのカップリングが観測できるのである．これはDMSOのもつ強い配位力のために水素イオンの移動が抑えられるためである．ヒドロキシ基の情報を得たければDMSO溶液とおぼえておこう．

酸素に結合した水素：化学シフト

　さて，ヒドロキシ基の水素にはもう一つやっかいな性質がある．それは化学シフトが変化しやすいことだ．温度，濃度，夾雑物の影響を大きく受ける．NMRの測定溶液はとくに注意して調製しない限り必ず溶媒

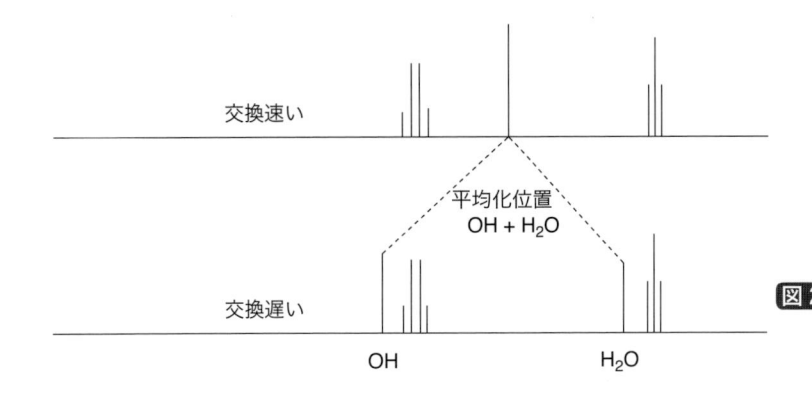

図 2.69 水素の交換が速いと2本のシグナルが平均化される

や空気中由来の水分が混入している．当然水の水素のピークがあらわれる．その位置は溶媒の種類によって大きく異なっており，たとえばクロロホルム溶液なら δ 1.5 付近，アセトン溶液なら δ 2.9 付近とだいたい決まった位置にあらわれる．NMR スペクトルを解析するときに，目的物のピークのほかに，必ず溶媒由来あるいは混入した水分由来のピークがあらわれるので，それを目的ピークと見誤らないようにしなければならない．

化合物中のヒドロキシ基の水素も当然ある特定の化学シフトをもつが，その水素はさきに説明したように，通常は溶液中の水の水素と速い交換をしている．この交換の効果はカップリングの消滅という現象を引き起こすだけではなく，当然化学シフトにも影響する．つまり水の水素のシグナルとエタノールのヒドロキシ基の水素のシグナル位置は本来は異なっており，交換が遅い場合には2種類のピークがあらわれるが，交換が速いと両者のシグナルが平均化されて両者の化学シフトの中間位置に1本のピークとなってしまうのである(図 2.69)．

これはちょうどシクロヘキサンのアキシアル水素とエクアトリアル水素が室温では配座反転が速いので，区別できなくなって同じ化学シフトに1本のピークであらわれるのと同じ理由である．シクロヘキサンの場合は温度を −100℃ まで下げてやれば，配座反転が抑制されてアキシアル水素のシグナルとエクアトリアル水素のシグナルが分離して観測できるようになる．同様に，エタノールの場合も，酸性不純物を含まない高純度の溶液で測定すればちゃんとアルコールのヒドロキシ基の水素と混在する水のシグナルが分離できる．

このようにヒドロキシ基の水素は条件によって化学シフト位置がずれるので，特別な場合以外は構造解析における有用性は低い．ただ，もちろん電子雲による遮蔽効果や官能基の磁気異方性効果は受けるので，アルコール性ヒドロキシ基の水素よりもフェノール性ヒドロキシ基の水素は低磁場側にあらわれ，またカルボキシ基の水素はさらに低磁場（δ 9

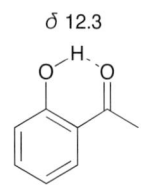

図 2.70 2′-ヒドロキシアセトフェノンの NMR スペクトル

独立行政法人産業技術総合研究所 SDBS より許可を得て転載.

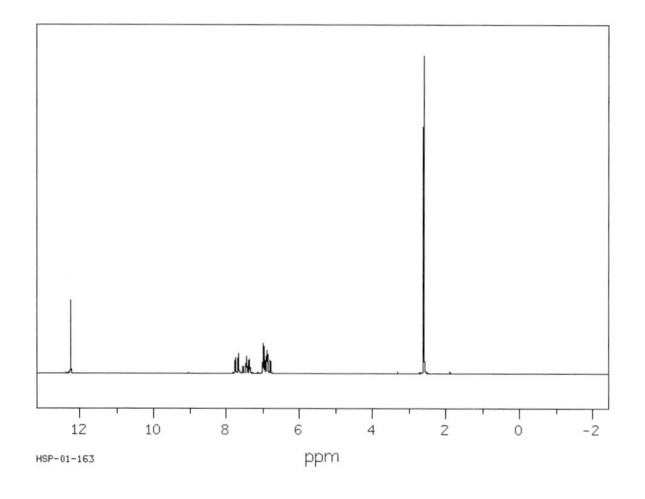

〜10)にあらわれる．もちろん酸性度の高いカルボキシ水素はそのままでとても解離しやすいので，本来の位置にシグナルを観測するのは困難である．

このようにヒドロキシ基の水素の情報は使いにくいが，なんらかの条件で解離および溶液中の水素との平衡が抑えられているとシグナルがあらわれることもある．よくあるケースが水素結合性の水素の例で，2′-ヒドロキシアセトフェノンのヒドロキシ基の水素はケトンのカルボニルと分子内水素結合をしているため，δ 12.3 という低磁場領域にシグナルを与える(**図 2.70**)．

このように強い分子内水素結合をしているヒドロキシ基の水素は交換が抑制されているため明瞭に観測されることが多い．またカルボニルの強い脱遮蔽領域にあるため δ 12〜20 という通常の水素の観測領域よりもはずれた低磁場領域にシグナルがあらわれ，たいへん特徴的である．NMR スペクトルの測定はスペクトル幅を δ 14〜−2 くらいの範囲に設定して測定する．ほとんどのシグナルはその範囲内におさまるので問題ないが，まれにこのような水素がこの範囲からはずれて見落とされることがあるので，こういう可能性のある化合物の測定には注意が必要である．

窒素，硫黄に結合した水素

同じヘテロ原子上の水素でも，窒素に結合した水素はちょっと状況が異なる．窒素の主要同位体である ^{14}N 核はスピン量子数 $I = +1$ をもつので NMR で観測でき，水素ともカップリングを起こす．しかし，通常はこの N-H 間のカップリングは検出できない．これは，スピン量子数が 1 以上の核は四重極モーメントをもち，近傍の核の緩和に影響を与

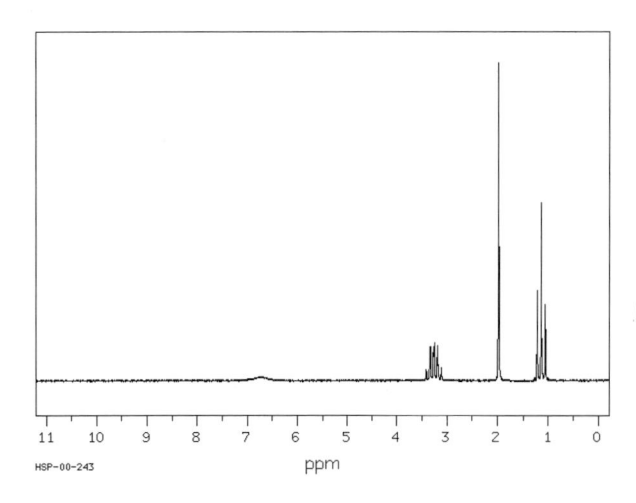

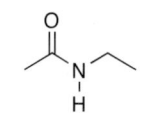

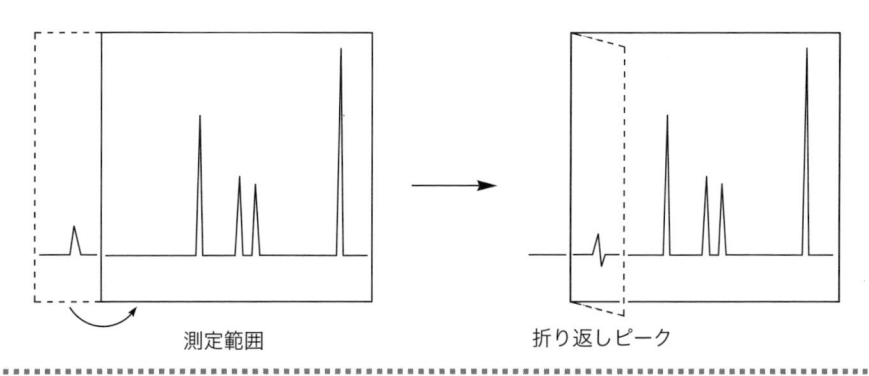

図 2.71 *N*-エチルアセトアミドの NMR スペクトル

産独立行政法人産業技術総合研究所 SDBS より許可を得て転載．

えることによる．

　緩和時間のうち xy 平面上のランダム化によるいわゆる横緩和（p.45 参照）はシグナルの線幅に関連していて，緩和時間が短いほど線幅は広がり幅広いピークとなる．アミド水素が非常に幅広いシグナルを与えることがあるのはこれが原因である．アミンやアミドの水素は酸性度が低いため交換速度が遅く，交換性水素をもたない溶媒を用いればシグナルを観測することがはできるが，このようにシグナルが幅広くなってカップリングの影響を読むことができないことが多い．しかし隣接炭素上の

コラム　折り返しピーク

NMR を測定するときには必ず測定範囲の設定が必要である．普通はたとえば ^{1}H NMR ならば δ 14 〜 −2 ppm くらいの幅に設定されており，ほとんどのシグナルがその範囲に納まるから問題ないが，まれにその外側にシグナルが存在する場合がある．こうした測定範囲外のシグナルはスペクトル末端からちょうど紙を折り返したような位置に折り返しピークとなってあらわれる．折り返しピークは位相がずれた分散形をしているのですぐそれとわかる．その場合は測定範囲を広げて再測定する必要がある．

測定範囲　→　折り返しピーク

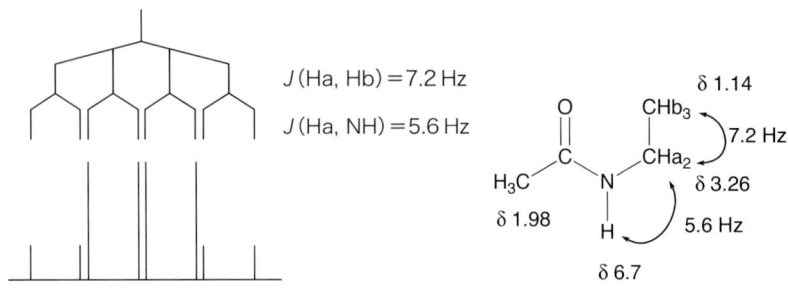

図 2.72 N-エチルアセトアミドのエチル基メチレン水素の分裂

$J(Ha, Hb) = 7.2$ Hz
$J(Ha, NH) = 5.6$ Hz

δ 1.14 CHb₃ 7.2 Hz
H₃C δ 1.98 CHa₂ δ 3.26 5.6 Hz
δ 6.7

水素側からカップリングを読むことは可能であり，たとえば N-エチルアセトアミド（図 2.71）のアミドの NH は δ 6.7 に非常に幅広いシグナルを与え結合定数を読むことはできないが，エチル基のメチレンは隣接メチル基の 3 個の水素によって分裂した四重線が，さらにアミド水素 1 個によって二重線に分裂して，doublet of quartet の 8 本に分裂している（図 2.72）．

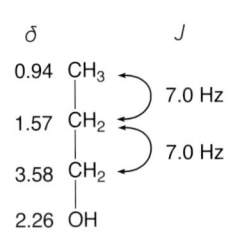

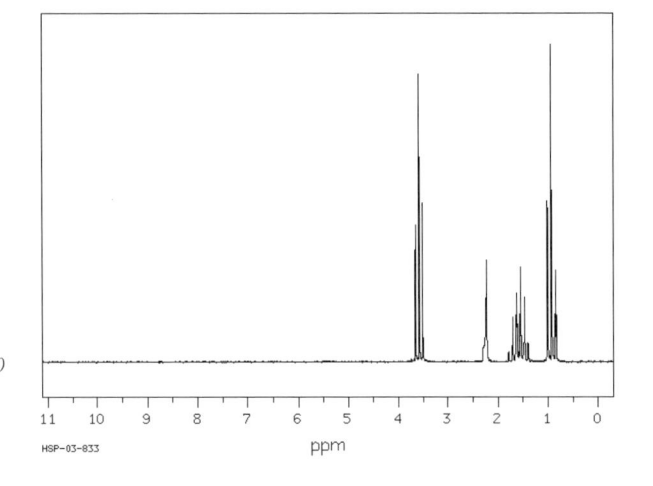

δ / J
0.94 CH₃
1.57 CH₂ 7.0 Hz
3.58 CH₂ 7.0 Hz
2.26 OH

図 2.73 1-プロパノールの NMR スペクトル
独立行政法人産業技術総合研究所 SDBS より許可を得て転載．

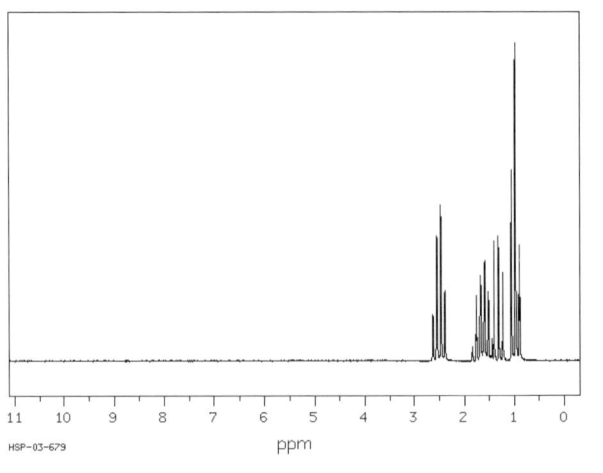

δ / J
0.99 CH₃
1.63 CH₂ 7.7 Hz
2.50 CH₂ 7.7 Hz
1.33 SH   7.7 Hz

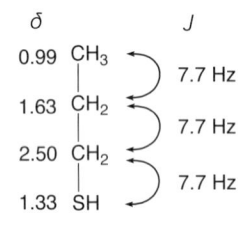

図 2.74 1-プロパンチオールの NMR スペクトル
独立行政法人産業技術総合研究所 SDBS より許可を得て転載．

チオールのような硫黄に結合した水素は交換速度が遅いので，普通はきちんとカップリングが観測できる．1-プロパノール(**図2.73**)と1-プロパンチオール(**図2.74**)のスペクトルを比べてみると，OH水素がカップリングせず，SH水素がカップリングしているようすがよくわかる．

ヘテロ原子に結合した水素が溶液中のプロトンと交換しやすいことを利用したシグナルの見分け方が昔はよく用いられた．NMRを通常どおり測定したあとで，その試料管に重水を1滴添加してよく混合する．これだけである．この重水添加後にスペクトルを測定すると，溶液中に混在している水分よりはるかに多い量の重水が系内に導入されるため，添加前は水素イオンと交換していた水素が重水素イオンと交換して-ODあるいは-NDの形に置換される．重水素はNMRで観測できる核ではあるが，通常の水素のNMR測定条件では観測できないので，このようなヘテロ原子に結合した水素のシグナルは重水添加によって見かけ上消失してしまう．ほかの炭素上の水素には当然このようなことは起こらないので，重水添加によって消失するシグナルはアルコールのヒドロキシ基水素など交換性のヘテロ原子結合水素であると見分けることができる．

逆にいうと，ペプチドの構造解析などでNH水素の情報を用いたい場合は溶媒に重水を用いるとシグナルが消失してしまうので，DMSOなど重水素イオンをもたない溶媒を使用しなければならない．溶解度の問題などでどうしても水溶液で測定したい場合は，水-重水(9：1)混合溶媒を用いて目的水素が重水素で置換してしまわないようにすることがある．10％だけ重水を混合するのは，ロックシグナルとして重水素シグナルが必要だからである．もちろんこのような溶媒系を用いると，軽水H_2Oの巨大なシグナルがスペクトル上にあらわれて目的物の観測の妨害になるので，なんらかの方法でそのシグナルを消去する必要がある．

NOE

核オーバーハウザー効果(nuclear Overhauser effect, NOE)は空間を通した核どうしの相互作用のことである．カップリングでは結合を通じて核スピンの相互作用が起こったが，NOEは空間を通して直接近くにある核に影響が及ぶ．

実際の測定では，スペクトルの測定時にデカップリング実験と同じ要領である特定の水素のシグナルを照射する．このときの照射パワーはデカップリングのときより弱くてもよい．そうすると照射されたエネルギーによってその水素シグナルの飽和が起こり，その状態から空間を通じたエネルギーの移動が起こる．その効率は核間距離の6乗に反比例

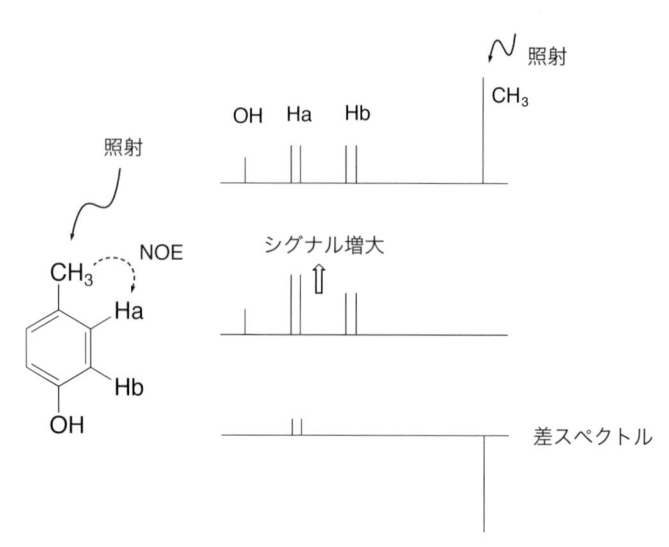

図 2.75 NOE によるシグナル強度の増大

する．すなわち距離的に近い核には有効だが，少し距離が離れるとその効率は激減する．エネルギーを受け取った近傍の核はピーク強度が増大するので，照射した水素と空間的に近い水素を特定することができる．これが NOE 実験だ．空間的な近さを求めることができるので，立体化学の決定にとても有効である．

NOE によるピーク強度の増大は最大で 50％ であるが，実際には数％ くらいの大きさしか得られないことも多い．この程度のピーク強度差をスペクトル上から読み取るのは難しいので，通常はデカップリングの項で説明した差スペクトルから読み取るのが普通である（**図 2.75**）．なお，NOE の大きさは異なる核のあいだでは磁気回転比の違いが効いてくるため，後に述べる水素から ^{13}C への場合は最大で 200％ のピーク強度増大が得られる．

^{13}C NMR

これまでは水素の NMR の話をしてきた．最初にも述べたように，NMR は核スピンをもってさえいればどんな原子核でも観測可能であり，実際にも水素以外の多くの原子核観測が広く実用化されている．ここからは有機化合物の構造解析に大きな威力を発揮するもう一つの原子核，^{13}C 核の NMR の説明をしよう．

炭素は質量数 12 の同位体が主同位体で天然存在比 98.9％ を占める．残念ながら陽子数，中性子数とも偶数の ^{12}C 核は核スピンをもたないので NMR では観測できない．幸い炭素のもう一つの同位体である中性子数が 1 個多い ^{13}C 核（天然存在比 1.1％）はスピン量子数 +1/2 の核スピンをもつので，これを観測することができる．ちなみに，炭素には放射

性同位体としておなじみの ^{14}C があるが，安定同位体は ^{12}C と ^{13}C の2種類のみである．

　炭素のNMRとこれまで説明した水素のNMRにはどういう違いがあるだろう．それを順に見てみよう．まず一番の違いは，磁気回転比の違いだ．NMRの基本的な関係式であるラーモアの式を思いだそう．原子核の共鳴周波数は外部磁場に比例し，たとえば2.34 Tの磁場中で水素原子核は100 MHzの共鳴周波数をもつ．ラーモアの式のうち定数項であるγが磁気回転比で，これは核に固有の値だ．つまりγの値は水素と炭素では異なる．その結果，同じ外部磁場中でも水素の共鳴周波数と炭素の共鳴周波数は当然異なることになる（**図 2.76**）．

　炭素（^{13}C）のγは水素（^1H）の値の約1/4と覚えておくとよい．つまり，2.34 Tの外部磁場中で水素の共鳴周波数は100 MHzであり，炭素の共

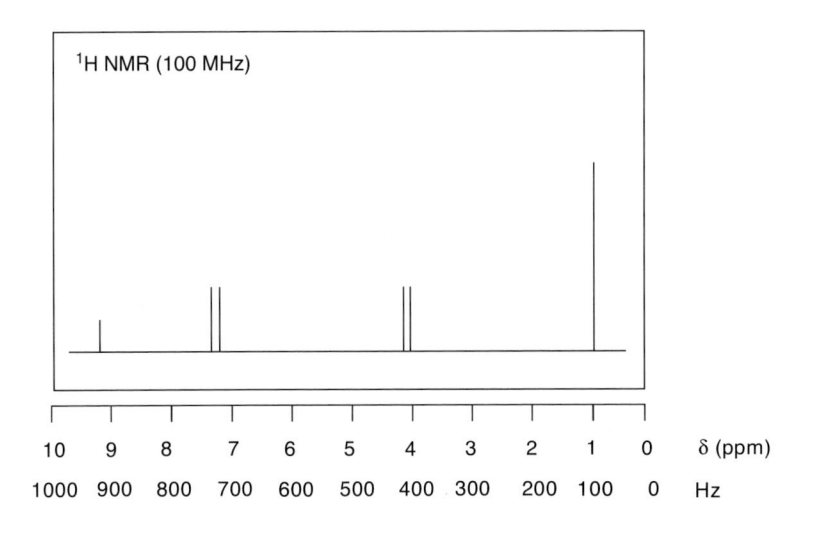

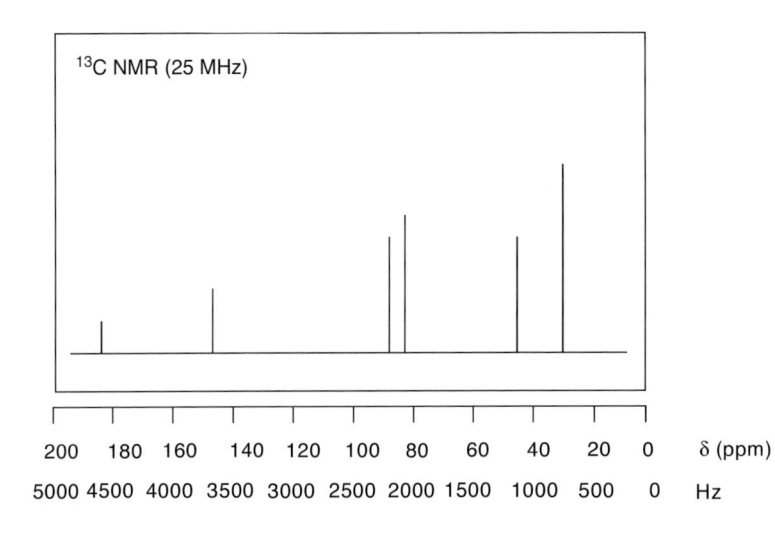

図 2.76 外部磁場強度2.34 Tでの水素と炭素のスペクトル

鳴周波数はその 1/4 で 25 MHz となる．さきに説明したように，NMR 装置の磁場強度は水素核の共鳴周波数であらわすならわしになっているから，500 MHz の NMR 装置，270 MHz の NMR 装置のように表現されるので，その機種で ^{13}C を測定する場合は，常に周波数を 4 で割ってやればよいということになる．

　FT-NMR で ^{13}C NMR スペクトルを測定するところは基本的に水素の NMR と変わらない．フーリエ変換後に周波数軸であらわれるスペクトルを δ 値で ppm 表示するところも同じだ．また，基準物質には水素のときと同じテトラメチルシランを用い，その炭素のシグナルをやはり δ 0 とする．炭素の化学シフト範囲は水素よりも広く，200 ppm 幅以上にも及ぶ．だから通常のスペクトルチャートでは右端が δ 0 ppm，左端が δ 220 ppm くらいのあいだを表示するのが普通である．

　このように，基本的に炭素と水素の NMR は同じと考えてよいが，実際に炭素を観測するためには大きな問題がある．それは水素に比べた感度の低さだ．最初に述べたように，NMR という手法自体が非常に微弱なエネルギーの吸収を観測するという意味で，ほかの分光学的手法に比べて感度が低いのが大きな欠点だった．感度のよい核である水素の NMR でも，良質なスペクトルを得るには試料量は 0.1 〜 1.0 mg 程度は必要だ．炭素の場合，磁気回転比が水素の 1/4 であることは述べた．核の検出感度は磁気回転比の 3 乗に比例するから，炭素の感度は水素の 1/64 しかないことになる．しかもさらに不利なことは，観測すべき ^{13}C 核は炭素全体の 1.1 ％ しか存在しないことだ．これを勘案すると，炭素の実効感度は水素の 1/5700 くらいしかないことになる．すなわち水素観測に比べて 5700 倍の試料量がないと同じ質のスペクトルは得られないということである．これではとても実用に耐えない．

　炭素の NMR の歴史が水素に比べると比較的新しく，実用化が遅れた大きな原因はここにあった．もちろんいまでは有機化合物の構造解析に ^{13}C NMR はとても重要な位置を占め，炭素の情報なしに構造解析を進めることは考えられない．このように低感度の問題を克服して炭素 NMR が利用されるにいたったのは，いろいろな手法を駆使して検出感度を増大させる方法がとられているからだ．

^{13}C 測定法の実際

　^{13}C 測定が実用的に行われるようになった鍵のまず第一は，FT-NMR でデータの積算が可能になった点である．これは水素の場合も同じだが，パルス照射，FID 取得のサイクルを繰り返して信号をコンピュータに積算することによって S/N をかせぐことができるようになった（**図 2.77**）．

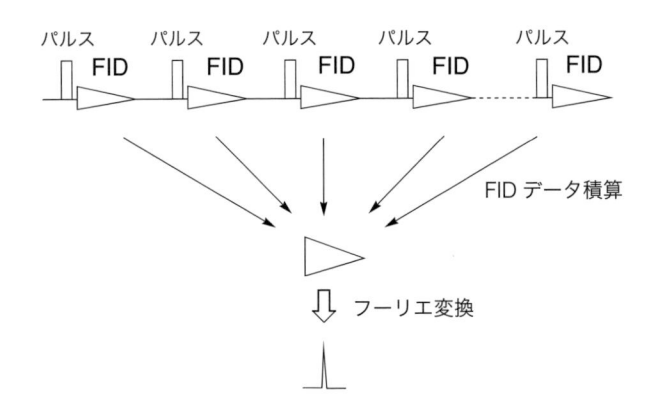

図2.77 FIDデータの積算が ^{13}C測定を可能にした

つまり，試料量の少なさを測定時間で補償することができるわけだ．ただし，前に述べたようにシグナル強度は積算回数の平方根にしか比例しないから，シグナル強度を10倍にするためには，積算回数は100倍，すなわち測定時間は100倍必要になり，装置の占有時間が飛躍的に増大するので，実際には限度がある．

第二のポイントは，炭素と水素とのカップリングの利用だ．メチルやメチレンなど，水素が結合した炭素では炭素と水素とのカップリング（この場合は結合1本を介したカップリングなので，$^1J_{CH}$ である）が必ず起こる．この直接結合した炭素と水素の結合定数は大きく，125〜250 Hzくらいの値である．カップリングのしかたは水素どうしのときとまったく同じなので，相手の水素が3個あるメチル基の炭素は3＋1＝4で四重線に分裂する．同様にメチレンは三重線，メチンは二重線になる．

ここでちょっと補足しておこう．カップリング現象は必ず自分と相手の両者が必要で，お互いに影響を及ぼしあうから，自分のシグナルが分裂すれば，当然相手のシグナルも同じJ値で分裂するはずだ．では炭素観測のNMRに水素とのカップリングがみられるのに，水素のNMRを測定したときに隣接炭素上の水素との $^3J_{HH}$ ばかりがあらわれて，直接結合する炭素とのカップリングがあらわれなかったのはなぜだろう．実は，スペクトルを注意深くみると水素のNMRにも炭素とのカップリングはみられる．ただし，何度もいうように ^{13}C の天然存在比は約1％と小さいのでほとんど気づかれないだけなのだ．

つまり，水素に結合している炭素の99％は核スピンをもたない ^{12}C なので，水素とのカップリングは起こらない．だから水素のNMRを解析するときに結合している炭素とのカップリングが問題になることはない．ただし，1％の割合で ^{13}C 核が存在しているから，メインシグナルの1/100の強度で ^{13}C とカップリングしたシグナルが共存する．水素に結合する炭素はメチル，メチレン，メチンにかかわらず1個だから，

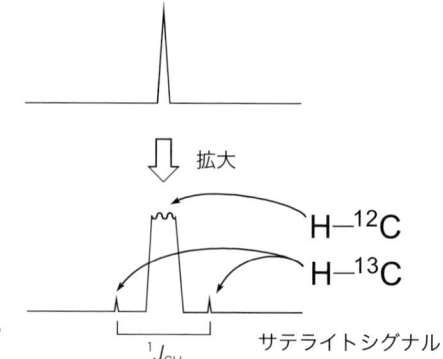

図 2.78 ¹³C とのカップリングによるサテライトシグナル

この ¹³C に結合した水素のシグナルは $J = 125 \sim 250\,\mathrm{Hz}$ の幅で分裂した二重線になる．つまり，大きなメインシグナルの裾に高磁場側と低磁場側に1本ずつ小さなシグナルが必ず存在している．普通のスペクトルでは強度が小さいので問題にならないが，スペクトルを拡大してみるとこの分裂したシグナルをみることができる（**図 2.78**）．

この ¹³C とのカップリングによる小さな二重線をサテライトシグナルとよぶ．もともと1%の強度しかないシグナルが2本に分裂しているので，シグナル強度は中心シグナルの 1/200 ほどしかない．しかし，大量の夾雑物中にうもれた微量物質のシグナルを見分けたりする場合は，大きなピークの裾のサテライトピークを試料由来のシグナルと見誤らないように注意する必要がある．

話をもどそう．炭素のシグナルを観測するときに，この結合している水素とのカップリングによる分裂は悩ましい問題である．構造解析のときにこの炭素シグナルの分裂の様子を利用すればそのシグナルがメチル基なのかメチレンなのかということが一目でわかって有用だ．しかし，あるシグナルが複数本のピークに分裂するということは，1本1本のピークの強度の減少につながる．ことに感度が低くて目的シグナルがベースラインのノイズシグナルにうもれてしまうような ¹³C NMR では，この1本1本のピーク強度の減少は致命的になる．分裂の様子が有用

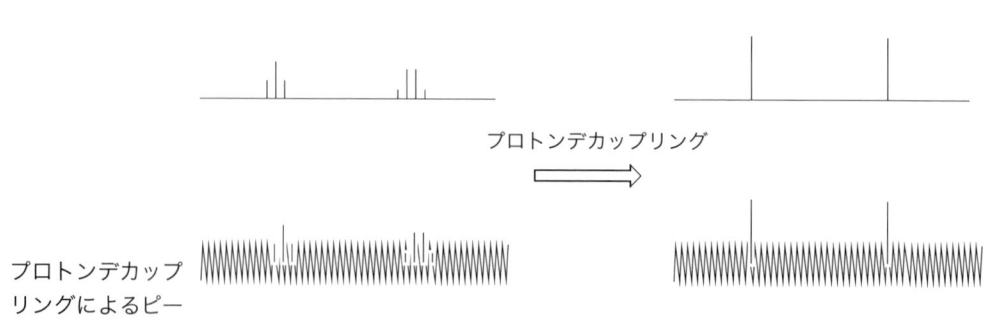

図 2.79 プロトンデカップリングによるピーク強度の増大

ノイズにうもれて見えない　　ピーク強度の増大で見えるようになる

といっても，シグナルがノイズに埋もれて消えてしまっては意味がないのだから．

そこで，通常の炭素観測スペクトルでは，結合している水素をすべてデカップリングして炭素 - 水素間のカップリングを消去する方法がとられる (**図 2.79**)．これを広帯域プロトンデカップリング (broad-band proton decoupling, BB)，あるいは完全デカップリング（complete decoupling, COM）という．水素のデカップリングのところで説明したように，デカップリングとは，カップリングしている相手の水素のシグナルのみを選択的に照射してそのシグナルを飽和させ，影響を消去する手法である．^{13}C NMR ではすべての水素シグナルに強いパルスを照射して見かけ上水素とのカップリングが完全に消えた炭素スペクトルを得る．こうするとすべての炭素シグナルは単一線となり，シグナルの分裂による個々のピーク強度減少が回避できる．

10 ppm 幅に及ぶすべての水素シグナルの均一同時照射は単一のパルス照射では効率が悪いので，何種類かのパルスを組み合わせた複合パルス (composite pulse) で行われるのが普通である．そのためプロトン完全デカップリングのことを CPD (composite pulse decoupling) と略すこともある．

このプロトン完全デカップリングには実はもう一つ副次的効果がある．それは NOE によるシグナル強度の増加だ．これが第三のポイントとなる．NOE とは前に述べたように，ある特定のシグナルに弱い電磁波を照射してやるとそのエネルギーが空間を介して近傍にある核に伝達され，そのシグナル強度が増加する現象だ．これを利用してある水素とほかの水素との空間的近接度を見積もることができ，そのことから立体化学を決定する手法はすでに説明した．

いま，炭素観測時に CPD で水素シグナルを照射するときもこの NOE によるエネルギー伝達が起こる．水素から炭素への NOE の大きさは最大 200 % と大きく，水素と直接結合した炭素との距離は短いから，結果としてこの NOE 効果はかなり炭素シグナル強度の増大に寄与する (**図 2.80**)．

ただし，直接結合した水素をもたない四級炭素では，当然デカップリ

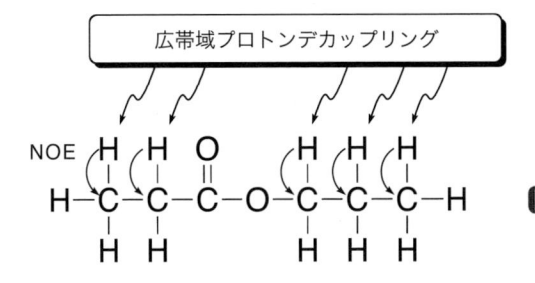

図 2.80 広帯域プロトンデカップリングには NOE による効果も期待できる

図 2.81 サリチル酸エチルの完全デカップリングスペクトル

独立行政法人産業技術総合研究所 SDBS より許可を得て転載.

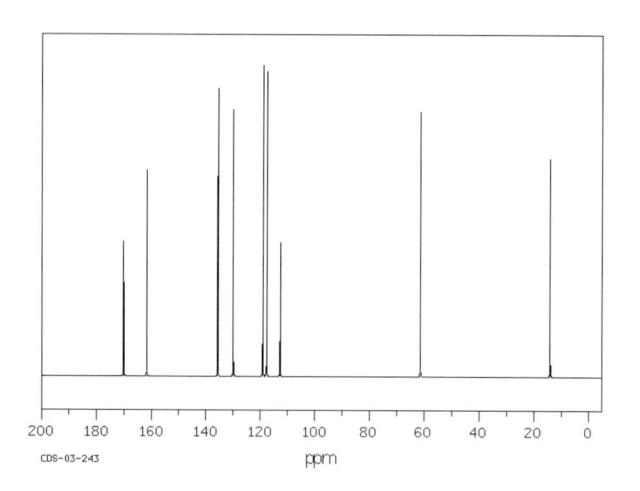

ングの効果はないし，NOE もほとんど効かないので，感度の増大の恩恵を受けることができない．このようにケトンカルボニルなど，四級炭素のシグナルは水素が結合した炭素のシグナルに比べて強度が小さく，場合によってはベースラインのノイズにうもれて見落とされたりすることがあるので注意しなければならない．**図 2.81** にサリチル酸エチルの完全デカップリングスペクトルを示した．9 個の炭素のそれぞれが単一線としてあらわれているが，シグナル強度はかなりばらついているのがわかる．

カップリングといえば，炭素どうしのカップリングはどうだろう．有機化合物は炭素のつながりからできているから，結合している炭素どうしのカップリングによってもピークが分裂するはずだ．もちろんそのとおりなのだが，実際にはスペクトル上に炭素どうしのカップリングがあらわれることはない．これは ^{13}C 核の天然存在比が 1 % と低いことによる．カップリングが起こるためには ^{13}C と ^{13}C が少なくとも 3 本以内の結合を介して存在している必要があるが，このような 1 分子に 2 個 ^{13}C を含む確率は 0.01 % ととても小さい．だから事実上無視してよいわけ

97.79%　　^{13}C : ^{12}C = 98.9 : 1.1

1.1%　　1.1%　　^{13}C NMR の観測分子

0.01%

図 2.82 炭素どうしのカップリングは事実上無視してもよい

である(**図2.82**).

このあたりが水素のNMRと根本的に異なる点で，たとえばエタノールの ^{1}H NMRはメチルの水素もメチレンの水素もほぼ100％ ^{1}Hだから，お互いのカップリングがスペクトルにあらわれる．これに対して ^{13}C NMRでは97.8％の分子はすべて ^{12}Cでできたアイソトポマー（特定の同位体から構成された分子）であり，これは観測できない． ^{13}C NMRで観測しているのはメチル炭素が ^{13}Cでメチレン炭素が ^{12}Cのアイソトポマーとメチル炭素が ^{12}Cでメチレン炭素が ^{13}Cのアイソトポマーで，それぞれ1.1％ずつ存在する．すなわちエタノールの ^{13}C NMRで検出される2本のピークはそれぞれ別の分子（アイソトポマー）のシグナルなのである．だからカップリングするはずがない．メチル，メチレンの両方が ^{13}Cのアイソトポマーは0.01％しかなく，この分子にはメチル炭素とメチレン炭素とのカップリングが存在するが，全体のピーク強度に比べて1/100の小ささなので実際にはシグナルとしてはみえない．

炭素の種類わけ

このように，FT-NMRによるデータ積算，プロトン完全デカップリングによるシグナル分裂の回避，NOE効果によるシグナル強度増大，という工夫によって， ^{13}C NMRは低感度の問題を克服してきた．しかし，このことによるデメリットもある．

一つはさきに述べたデカップリングによって結合している水素の情報が失われてしまう点だ．これはピーク強度増大とのトレードオフなのでやむをえない点だ．したがって，炭素のNMRはシグナルがすべて単一線であらわれ，複雑に分裂したシグナルからなる水素のNMRと異なり，見かけがとてもシンプルである．また単純に炭素シグナルの本数を数えれば，等価な炭素シグナルが重なっていない限り炭素の個数をすぐに求めることができる．このピークの分離のよさは炭素のNMRの大きな特徴で，化学シフト範囲が水素の20倍以上も広いこともあいまって，水素のNMRでは問題になるピークどうしの重なりの問題がほとんどない．ピークの分離という点では磁場強度がそれほど大きくない装置でも十分に実用的な点もメリットだ．

それから2点目は，ピーク面積と炭素数が比例しないことだ． ^{13}C NMRシグナルはNOE効果で強度が増大している．NOE効果は結合している水素数に依存するので，個々のシグナルによって効き方が異なり，したがって積分強度の比較は意味がない．すべて単一線であらわれる炭素NMRは，ピーク本数から炭素の個数の情報は得られやすいが，

等価な炭素がある場合に積分値から炭素の個数を求めることはできない．また，^{1}H NMR では積分強度から混合物の組成比を求めたり定量したりすることができるが，^{13}C NMR ではそれができない．

　このような欠点を補う測定法を二つ紹介しておこう．

　通常の完全デカップリング測定では，水素の照射によってデカップリングと NOE 効果の両方が得られるが，このそれぞれを分離した測定法がある．ゲートつきデカップリング測定と逆ゲートデカップリング測定だ．通常の完全デカップリングでは炭素へのパルス付加，FID 取り込み，磁化回復（緩和）というサイクルを繰り返してシグナルを積算しているあいだずっと水素シグナルの照射を続けている．ところが，この水素シグナルの照射を炭素の FID 取得のときだけ切る方法がゲートつきデカップリングという手法だ．

　つまり図 2.83 のように，繰り返し待ち時間と炭素パルスの照射までデカップリングを行い，FID 取得と同時にデカップリング用のパルスをだすデカップラーをオフにし，データ取得終了と同時にまたオンにするというサイクルを繰り返す．こうするとデータ取得時には水素のシグナルが照射されていないため，炭素と水素のカップリングは消失しない．すなわち炭素の多重線はデカップリングされない．しかし，待ち時間のあいだは水素の照射が行われているため，水素から近傍の炭素への NOE 効果はちゃんと効いてシグナル強度は増大する．これは NOE が

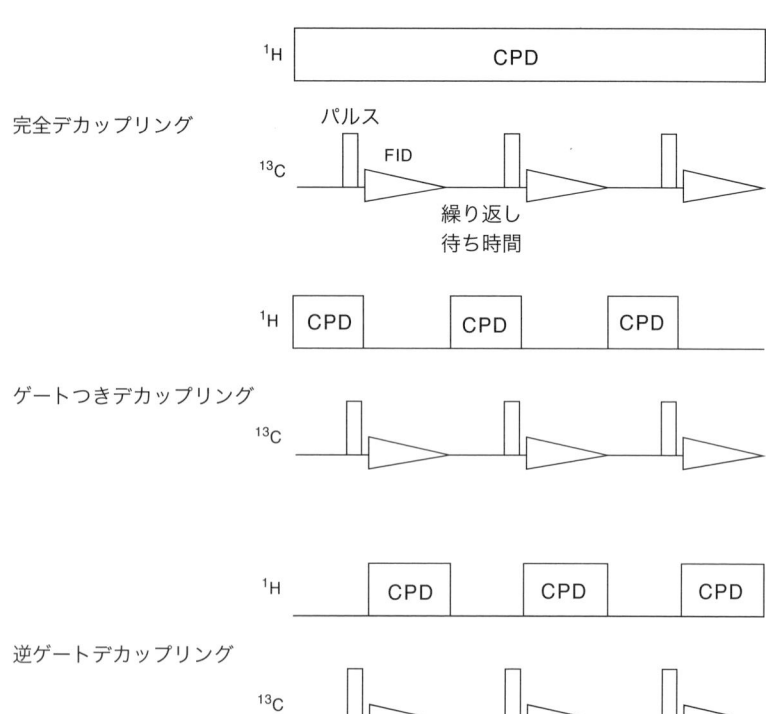

図 2.83 ゲートつきデカップリングと逆ゲートデカップリング

時間的に緩慢な過程であり，水素の照射を切ったあとも炭素の FID 取り込みのあいだまでその効果が残存することによる．それに対してカップリングという現象は，データ取得時におけるリアルタイムな影響なので FID 取得時にデカップリングが効いていなければデカップルはされない．すなわちゲートつきデカップリング法は，NOE 効果によるシグナル増大効果をもち，かつ炭素が結合している水素によって分裂したスペクトルを与える．

この方法ではメチル炭素は四重線（quadruplet, quartet），メチレン炭素は三重線（triplet），メチン炭素は二重線（doublet），四級炭素は単一線（singlet）であらわれるため，以前はこの方法は炭素の種類わけをするのに用いられたが，現在では後述のより感度のよい INEPT, DEPT によって容易に同様の情報を得ることができるので，もっぱらそちらが用いられている．なお，^{13}C NMR シグナルの帰属で炭素の種類に，q, t, d, s, の符号をつけることがある．これはそれぞれメチル，メチレン，メチン，四級炭素をあらわしている．

これに対して逆ゲートデカップリングは，ゲートつきデカップリングとまったくデカップラーのオンオフを逆にしたもので，炭素の FID 取り込みのあいだだけデカップリングを行う手法である．こうすると炭素シグナルはデカップリングされてすべて単一線になる．そして，デカップラーをオフにしたあと繰り返し待ち時間を十分長くとれば，このあいだに NOE 効果が減衰していくので，次のサイクルで炭素の FID 取得のときに NOE の効きのない正味のシグナル強度が得られる．つまり NOE の影響のないデカップリングされたスペクトルとなる．感度は低くなるが，結合水素数の違いによる NOE 効果の差がなくなるので，積分強度による炭素数の定量が可能となるメリットがある．

INEPT と DEPT

^{13}C NMR では，感度向上のために水素とのカップリングをデカップリングによって消している．炭素の種別情報は重要であり，その完全デカップリング法では得られないメチル，メチレン，メチン，四級炭素の区別をする方法が INEPT（イネプト）や DEPT（デプト）法である．これらは複数のパルスをある時間間隔をおいて照射し，その後に FID シグナルを取得するマルチパルス実験法である．NMR ではこのようなパルス列（パルスと待ち時間の組合せ，pulse sequence）によって数多くのマルチパルス測定法がある．現在の構造解析においては単なる水素や炭素の NMR だけではなく，いろいろなマルチパルス測定法からのデータを組み合わせて行うのが通例である．

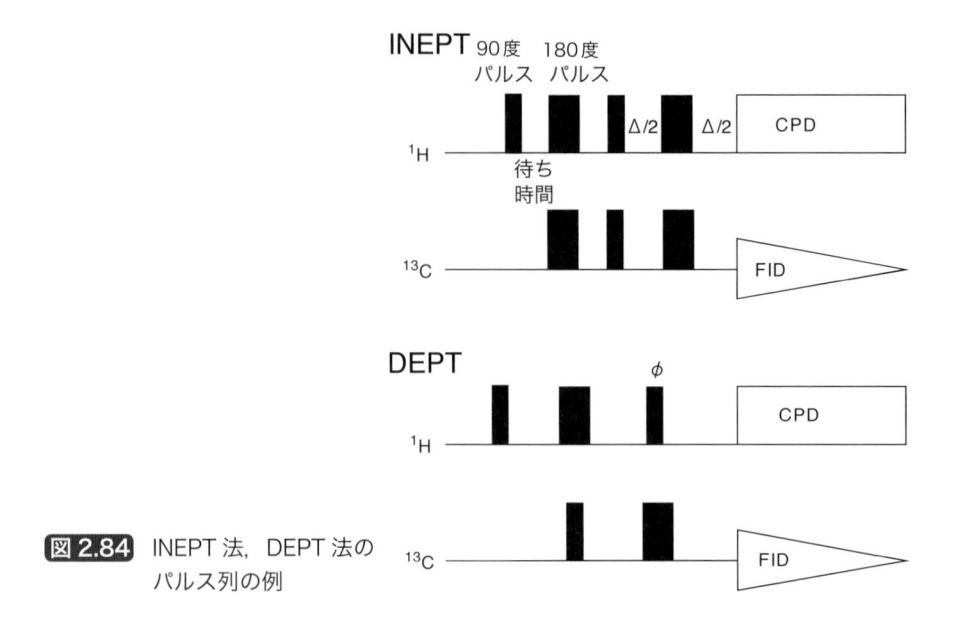

図 2.84 INEPT 法，DEPT 法のパルス列の例

　INEPT 法および DEPT 法のパルス列の例を図 2.84 に示す．なぜこのようなパルス列によって目的の情報が得られるのかの説明は専門的になるので省くが，ベクトルモデルや直積演算子を用いれば，理論的な説明が可能であり，興味のある方は巻末の参考書を参照してほしい．

　さて，INEPT 法のパルス列のなかにある Δ という待ち時間を $1/4J$，$1/2J$，$3/4J$ と変化させてそれぞれデータ取得を行う．J は $^1J_{CH}$ であり，典型的な値として 140 Hz くらいに設定すると，$1/nJ$ は周波数の逆数なので時間となり，待ち時間はそれぞれ 1.8 ms（ミリ秒），3.6 ms，5.4 ms となる．

　Δ が $1/4J$ のときは，得られるスペクトルは水素の結合した炭素すべてのシグナルがあらわれる(四級炭素のシグナルはあらわれない)．$1/2J$ のときは，水素の結合した炭素のうちメチン炭素のシグナルのみがあらわれ，メチル，メチレン炭素のシグナルはあらわれない．$3/4J$ のときは，水素の結合した炭素のうち，メチル炭素とメチン炭素のシグナルが上向きピークとして，メチレン炭素のシグナルが下向きピークとしてあらわれる．$1/4J$ と $3/4J$ の違いはメチレン炭素ピークの向きだけなので，通常は $1/2J$ と $3/4J$ の二つを測定すればことたりる．

　すなわち $1/2J$ にあらわれるピークがメチン炭素，$3/4J$ に下向きにあらわれるのがメチレン炭素，$3/4J$ に上向きにあらわれるピークのなかで $1/2J$ にあらわれないピークがメチル炭素，$3/4J$ にはあらわれないが完全デカップリングスペクトルにあらわれるピークが四級炭素ということになる(図 2.85)．

　DEPT 法も同様で，パルス列のうち ϕ であらわしたパルスの角度を

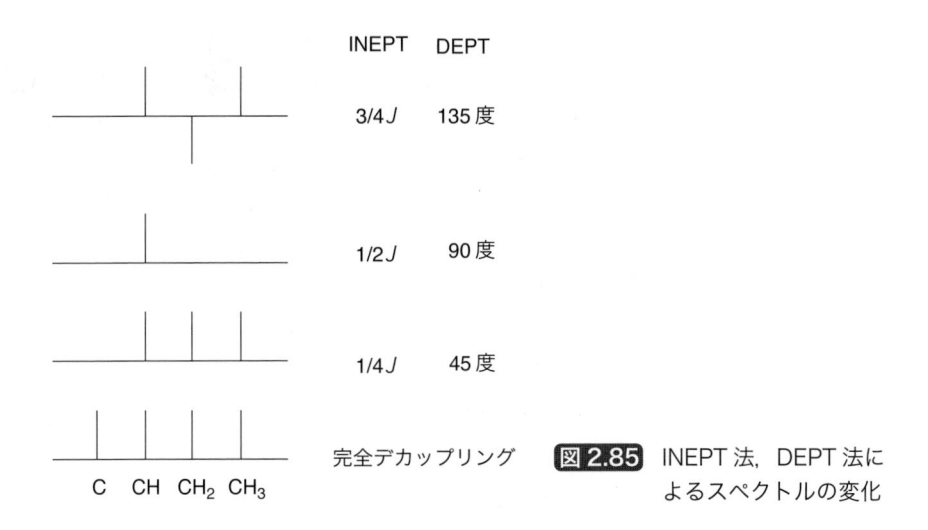

	INEPT	DEPT
	3/4J	135度
	1/2J	90度
	1/4J	45度
	完全デカップリング	

C　CH　CH$_2$　CH$_3$

図2.85 INEPT法，DEPT法によるスペクトルの変化

45度，90度，135度に変えることによってそれぞれINEPTのΔ＝1/4J，1/2J，3/4Jに相当するスペクトルが得られる．したがってこの場合は，90度と135度のスペクトルのみを測定すればよい．

INEPTとDEPTはこのようによく似た手法であるが，INEPT法が$^1J_{CH}$の値のばらつき（たとえば，sp^{3}炭素では120 Hz，sp^{2}炭素では160 Hzなど）によってスペクトルの質が低下しやすい（ピーク強度の減少，不要ピークの残存など）のに対し，DEPT法ではそれが少ないため，現在はDEPT法が好んで用いられる．

このINEPTやDEPT法では水素と結合した炭素の情報しか得られない．それはこの方法が分極移動という原理を用いているからである．これは水素の核をまずはじめにパルス照射して励起させ，その磁化を炭素へ移動させて，炭素のシグナルとして観測する方法であり，感度のよい水素の磁化が炭素に流れ込むために，単なる炭素観測よりも感度が高くなるという大きな利点がある．計算上は，デカップリングによって最大のNOE効果が得られた場合の完全デカップリングスペクトルよりも1.3倍感度が高い．

このようにINEPT，DEPT法は，完全デカップリング法では得られない炭素の種別情報が得られるうえに，完全デカップリング法よりも感度が高いというすぐれた手法であり，四級炭素のシグナルがでないという欠点はあるものの，マルチパルス実験の威力がよくわかる．現在では炭素のNMRというと完全デカップリングにDEPT 90度，135度の組合せを測定というのが一般的となっている．

炭素の化学シフト

^{13}C NMR の化学シフト範囲は水素に比べて広く，δ 0～220 ppm にも及ぶ．化学シフトの起こる原理は同じなので，やはり電子密度や官能基の磁気異方性によってシグナルのシフト値が決定される．おおまかにいって，アルキル炭素は δ 0～50 ppm くらいで，酸素など電気陰性度の高い原子が置換すると δ 40～100 ppm くらいまでシフトする．アルケンやベンゼン環炭素は δ 100～160 ppm にあらわれる．またカルボニル炭素はさらに低磁場側で δ 150～220 ppm あたりである．

p-メチル安息香酸エチルの ^{1}H と ^{13}C スペクトル（**図 2.86**）を比べてみると，δ 値の絶対値には大きな差はあるものの，シグナルの相対位置関係はほぼ一致しているのがわかる．また，^{13}C NMR は水素が結合していないカルボニル炭素などの四級炭素のシグナルも得られるので，^{1}H NMR に比べて情報量が多く，炭素骨格の解明には有用であること

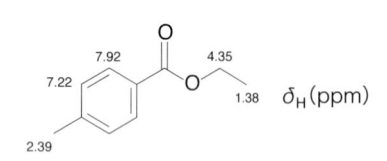

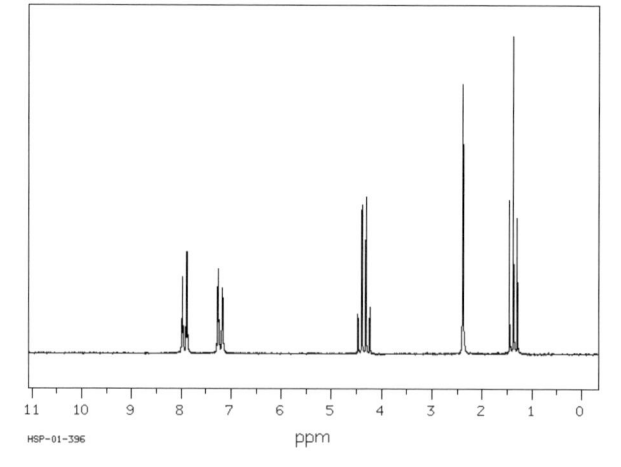

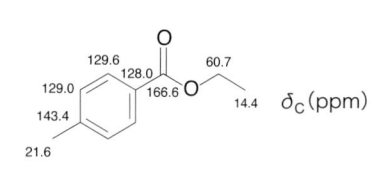

図 2.86 p-メチル安息香酸エチルの ^{1}H（上）および ^{13}C（下）NMR スペクトル

独立行政法人産業技術総合研究所 SDBS より許可を得て転載．

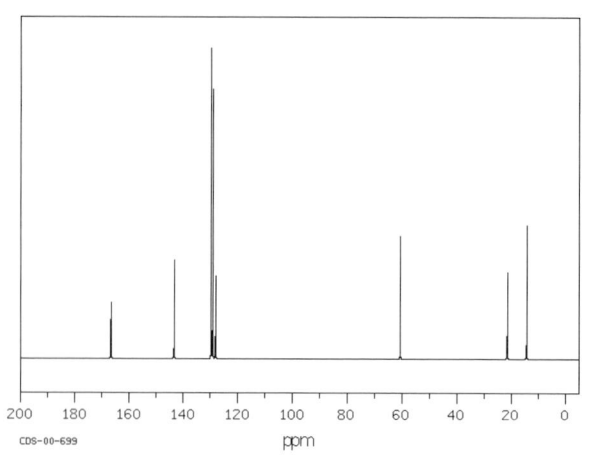

ベンゼン
δ_C 128.5

実測値
C-1 112.5 (128.5 −16.0)
C-2 132.1 (128.5 +3.6)
C-3 129.1 (128.5 +0.6)
C-4 132.8 (128.5 +4.3)

実測値
C-1 126.5 (128.5 −2.0)
C-2 129.5 (128.5 +1.0)
C-3 128.7 (128.5 +0.2)
C-4 134.9 (128.5 +6.4)

化学シフト増分（ppm）

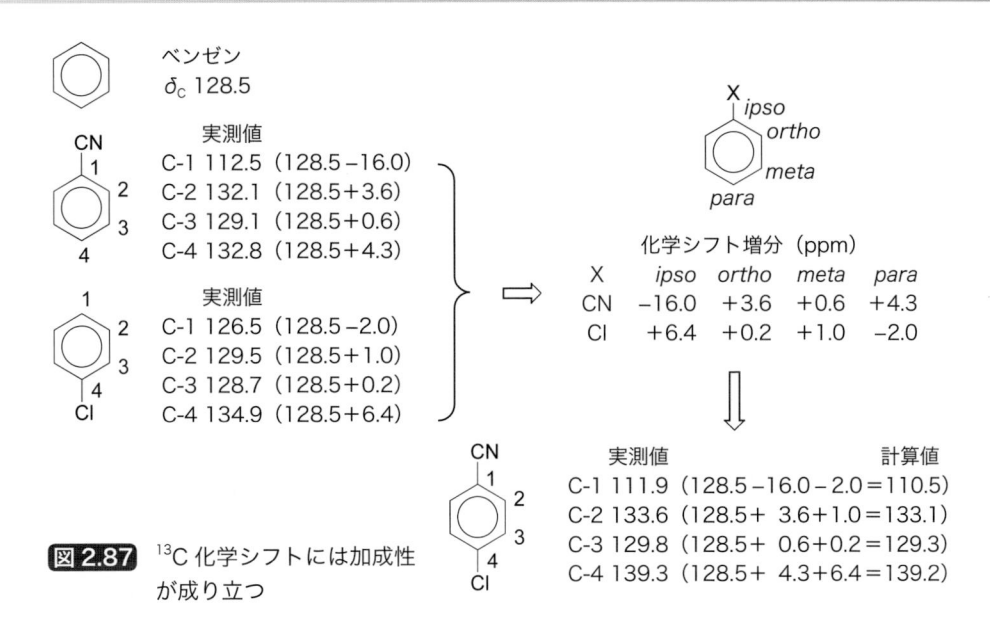

X	ipso	ortho	meta	para
CN	−16.0	+3.6	+0.6	+4.3
Cl	+6.4	+0.2	+1.0	−2.0

実測値　　　　　　　　　計算値
C-1 111.9 (128.5 −16.0 − 2.0 = 110.5)
C-2 133.6 (128.5 + 3.6 + 1.0 = 133.1)
C-3 129.8 (128.5 + 0.6 + 0.2 = 129.3)
C-4 139.3 (128.5 + 4.3 + 6.4 = 139.2)

図 2.87 ^{13}C 化学シフトには加成性が成り立つ

がわかる．

炭素の NMR で有用なのは，化学シフトの定量的な加成性がある程度成り立つことである．これによって置換ベンゼンの化学シフトを予測することができる．

まずベンゼンの炭素の化学シフト δ 128.5 ppm を基準値として，たとえばベンゾニトリルの各炭素の実測値を比較するとシアノ基置換によって生じた化学シフト変化が求められる．同様にしてクロロベンゼンについて各炭素のベンゼンからの化学シフト変化を求める．

これらのパラメータを使って p-クロロベンゾニトリルの化学シフト値を計算すると，実測値とよく合うのがわかる．同様のことは誤差は大きくなるもののアルキル炭素でも可能だ．いろいろな置換炭化水素の置換基パラメータがデータ集に収載されている．同じことは水素の NMR でも行われているが，信頼度は炭素に比べると低い．

二次元 NMR

これまで説明してきた NMR 測定では，パルスを照射した後に xy 平面上に倒れた磁化ベクトルの回転を時間軸をもつ FID シグナルとして得，それをフーリエ変換して周波数軸をもったスペクトルを得た．これに対して，パルス列内に第二の時間変数を組み込んでスペクトルを二次元化したものが二次元 NMR 法である（図 2.88）．この場合，パルス列内および FID の二つの時間変数についてフーリエ変換するので，できあがったスペクトルは二つの周波数軸をもつ平面になる．シグナルは平

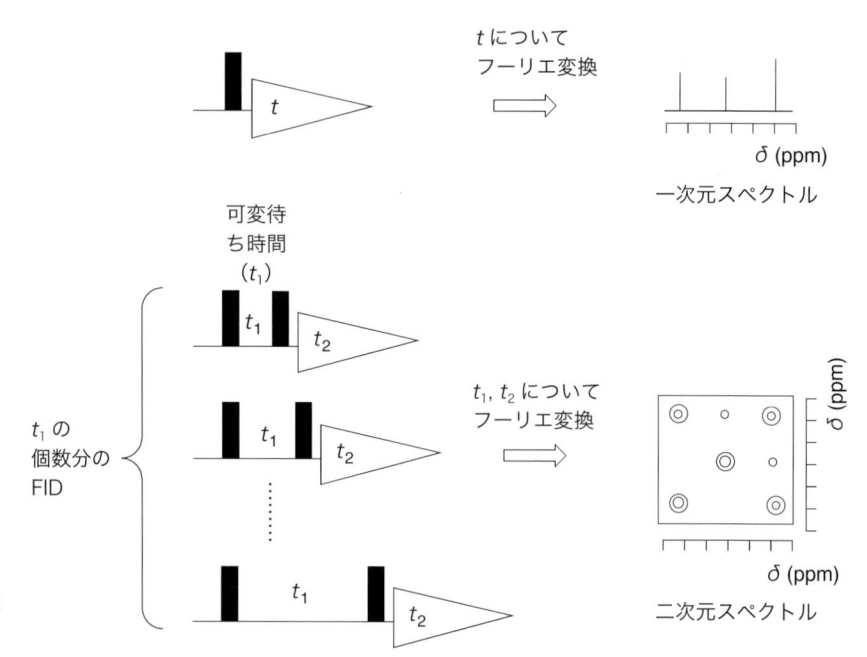

図 2.88 二次元 NMR のしくみ

面上にクロスピークとしてあらわれる．ピークはその平面に直交する立体方向にあらわされるので，地形図のように等高線表示を用いて平面上に表示する．

　二次元 NMR の利点は二つある．

　まず，一次元測定では同一軸に重なっているシグナルを平面へ分離することによるシグナルの重なりの軽減である．とくに水素の NMR には水素どうしのカップリングが重なってあらわれるため，複雑な構造の分子ではスペクトルパターンが複雑になって解析が難しい．前に述べたように，より強い磁場の装置を使うことによってシグナルの分離はある程度改善されるがそれも限度がある．この点，軸を2本もつ二次元スペクトルでは平面上にシグナルが分離するというメリットがある．

　そして二次元 NMR の最大の利点は，シグナルとシグナルとの関係を直接検出できることにある．たとえばある水素とほかの水素あるいは炭素とのあいだにカップリングがあるかなどの特定の関係を両者の化学シフト（周波数）の交点にクロスピークとして検出できるので，分子構造解析にとても有用である．

　二次元測定には，測定時間がかかることやデータ容量が大きいという欠点もあるが，得られる情報量の豊富さ多彩さは十分それを補ってあまりある．現代の分子構造解析は二次元 NMR ぬきでは考えられないといっても過言ではない．

　以下，代表的な二次元 NMR 測定法のいくつかを順にみてみよう．

COSY と TOCSY

　COSY（COrrelation SpectroscopY，コージィ）は同じ種類の核どうしの結合（カップリング）を検出する化学シフト相関スペクトルで，通常は ^1H どうしのものをさす．もっとも基本的な二次元測定法の一つである．二次元フーリエ変換して得られたスペクトル上には，対角線上にすべてのシグナルがあらわれ，対角線からはずれた位置には，カップリングしている水素のシグナルどうしの交点にクロスピークがあらわれる．基本的には対角線に対して対称なスペクトルとなる．スピン結合している水素が連続している系では，対角ピークから同じ縦軸上のクロスピーク，そこから同じ横軸上の対角ピークというように順次水素のつながり（厳密には水素の結合した炭素のつながり）をたどることができる．

　図 2.89 のように，H_A〜H_F の 6 個の水素をもつ分子の場合，通常

コラム　多次元 NMR

　NMR における次元はパルスをかけてデータを取り込むあいだの時間変数の数で決まる．普通の 1D NMR では FID シグナルを経時的に取得するところが時間変数になっている．それに加えて 2D（二次元）ではパルス列のなかのある待ち時間を連続して変化させ（第二の時間変数），それぞれについて FID を得る．この可変待ち時間を増やせば三次元，四次元の NMR も可能であり，実際にタンパク質の構造解析などに用いられる複雑な測定法に実用化されている．データはいくつかの変数軸を固定して複数枚の平面チャートに分割して表記する．

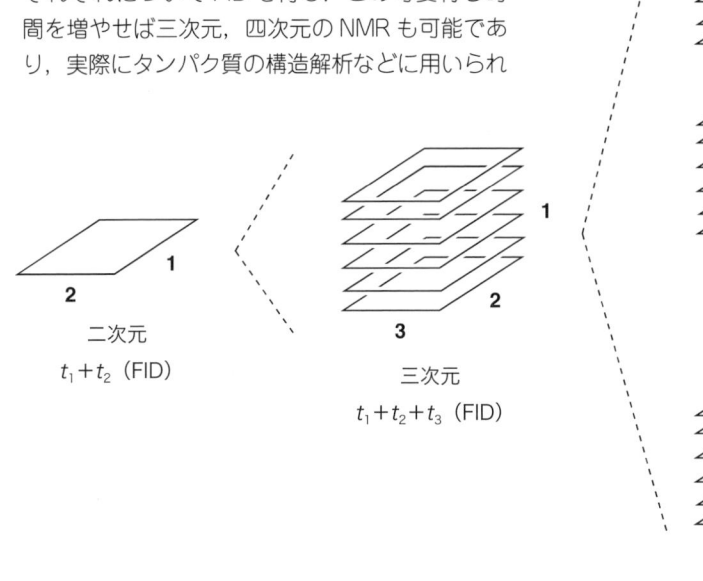

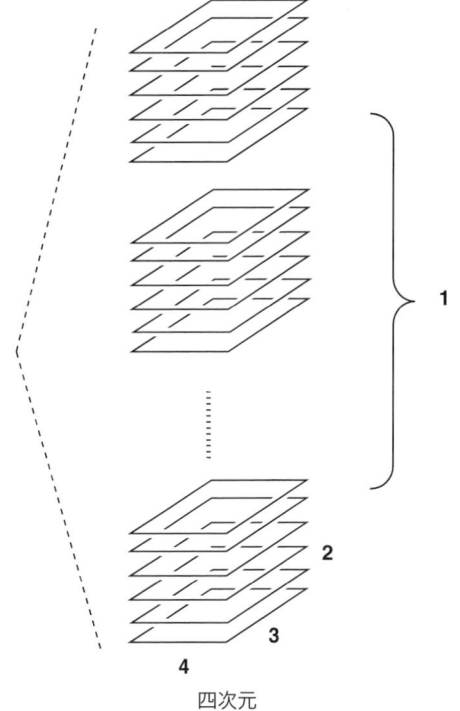

二次元
t_1+t_2 (FID)

三次元
$t_1+t_2+t_3$ (FID)

四次元
$t_1+t_2+t_3+t_4$ (FID)

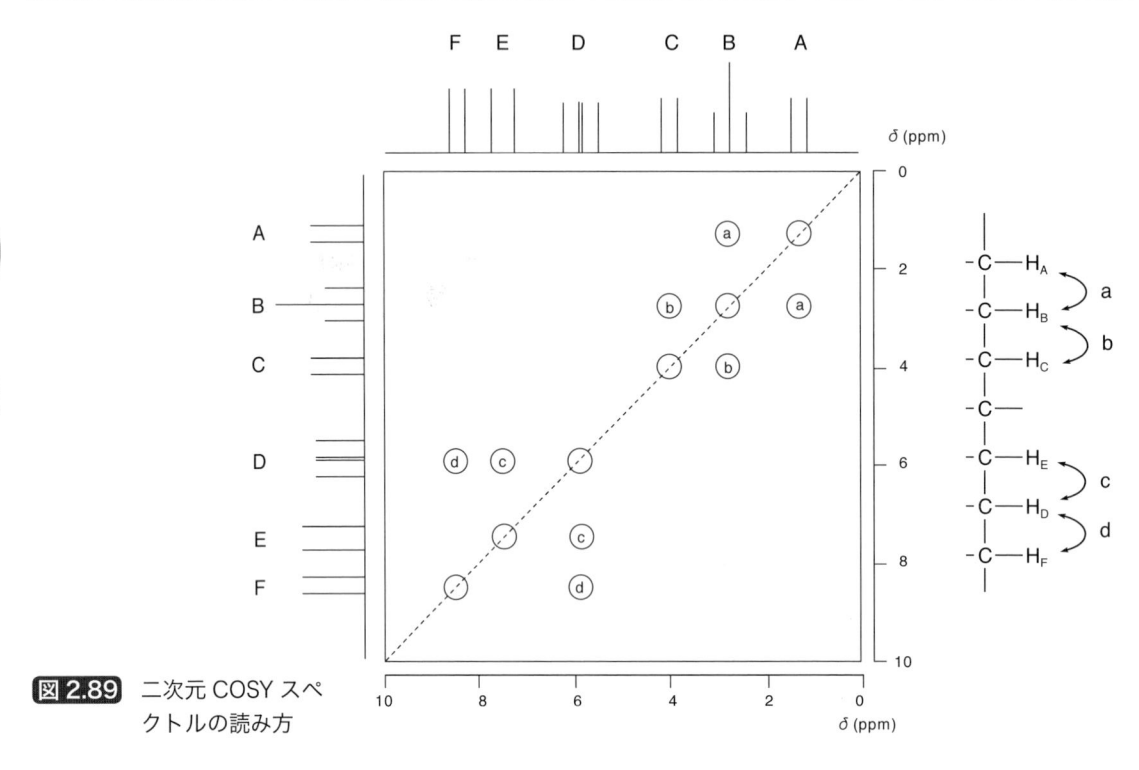

図 2.89 二次元 COSY スペクトルの読み方

の一次元スペクトルでは4個の二重線，1個の三重線，1個の二重の二重線のあいだの関係をつなぎあわせることは難しい．二次元の COSY スペクトルの両軸に一次元スペクトルを重ね書きして，ピーク間の関係

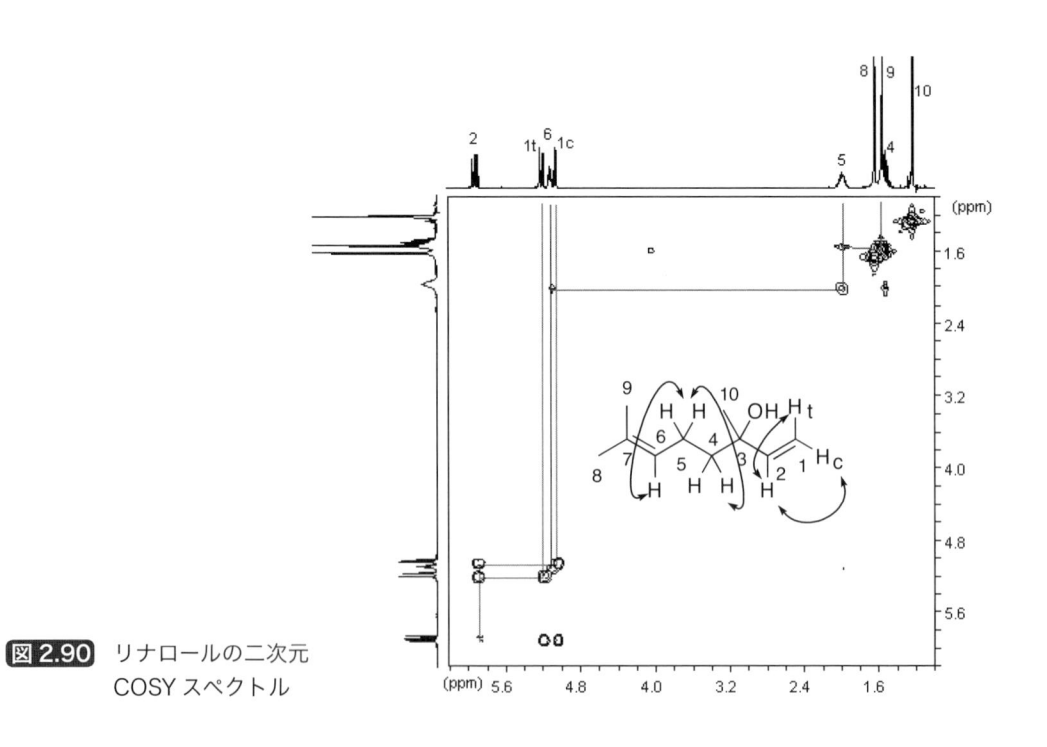

図 2.90 リナロールの二次元 COSY スペクトル

をみると，横軸のH_Aと縦軸のH_B（あるいは横軸のH_Bと縦軸のH_Aでも同じ）の交点にクロスピークaがみられることから，H_AとH_Bはカップリングしていることがわかり，さらにH_BとH_Cのクロスピークbから，H_BとH_Cのカップリングがわかる．このようにクロスピークをたどっていくことによって，すべての水素の関係が一目瞭然になる．

実際の化合物ではこんなふうにきれいにはいかないことも多いが，基本的な解析方法は同じだ．リナロールのスペクトルの実例をあげよう．4位のメチレン水素から5位のメチレン水素，さらに5位から6位のアルケン水素への相関シグナルと，1位，2位の末端アルケン水素どうしのつながりが明らかにわかる（**図 2.90**）．

TOCSY（TOtal Correlation SpectroscopY，トクシィ）はHOHAHA（HOmonuclear HArtmann-HAhn spectroscopy，ホハハ）ともよばれる．カップリングしている水素どうしの相関を得る点ではCOSYと同じであるが，トータルの名のようにある水素から順にスピン結合しているすべてのシグナルとの相関シグナルが同じ軸上にあらわれる点で大きく異なる．たとえばグルコースでは，1位のアノメリック水素とH–2, H–3, H–4, H–5, H–6の各シグナルとの交点すべてにクロスピークが

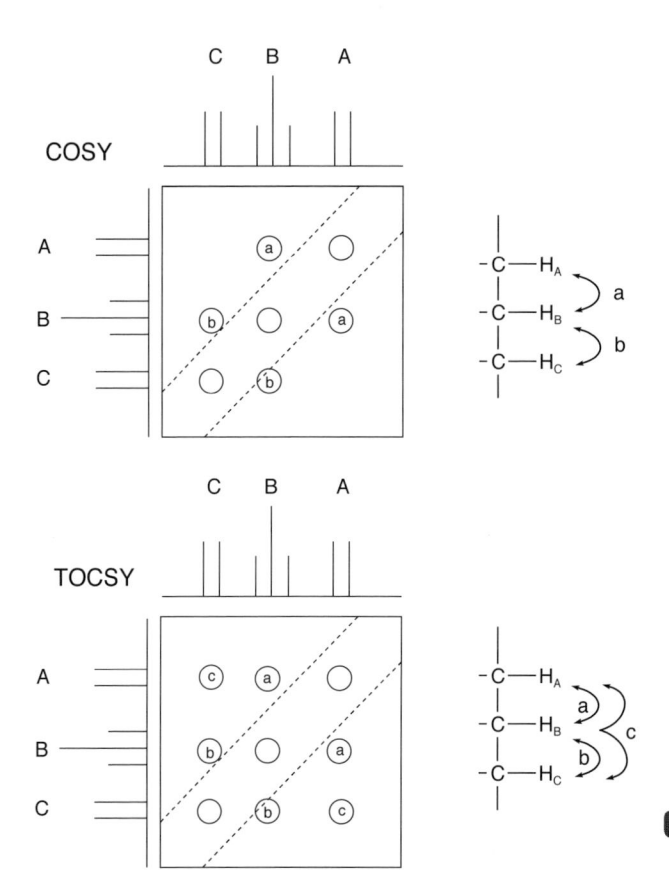

図 2.91 COSYとTOCSYのクロスピークの違い

あらわれる(図2.91).

ペプチドなど各アミノ酸残基による複数の独立した水素ネットワークを含む化合物では，同じネットワーク内(同じ残基内)の相関シグナルは必ず同じ化学シフト軸上にあらわれるので，一部がほかのシグナルと重なっていても判別しやすいという利点がある．反面，クロスピークがたくさんあらわれるのでシグナルが複雑になり，水素のつながりの順番がわかりにくいという欠点もある．

NOESY

NOESY (Nuclear Overhauser Enhancement SpectroscopY, ノエジィ)は空間距離の近い水素どうしの関係を検出するNOE法の二次元法である．スペクトルの見かけはCOSYとよく似ており，2本の水素の化学シフト軸からなるが，クロスピークがあらわれるのは，カップリングしている水素どうしではなく，NOE効果を及ぼしあう水素どうしである．ただし，場合によってスペクトル上にカップリングによるクロスピーク(COSYピーク)があらわれる場合もあるので注意する必要がある．

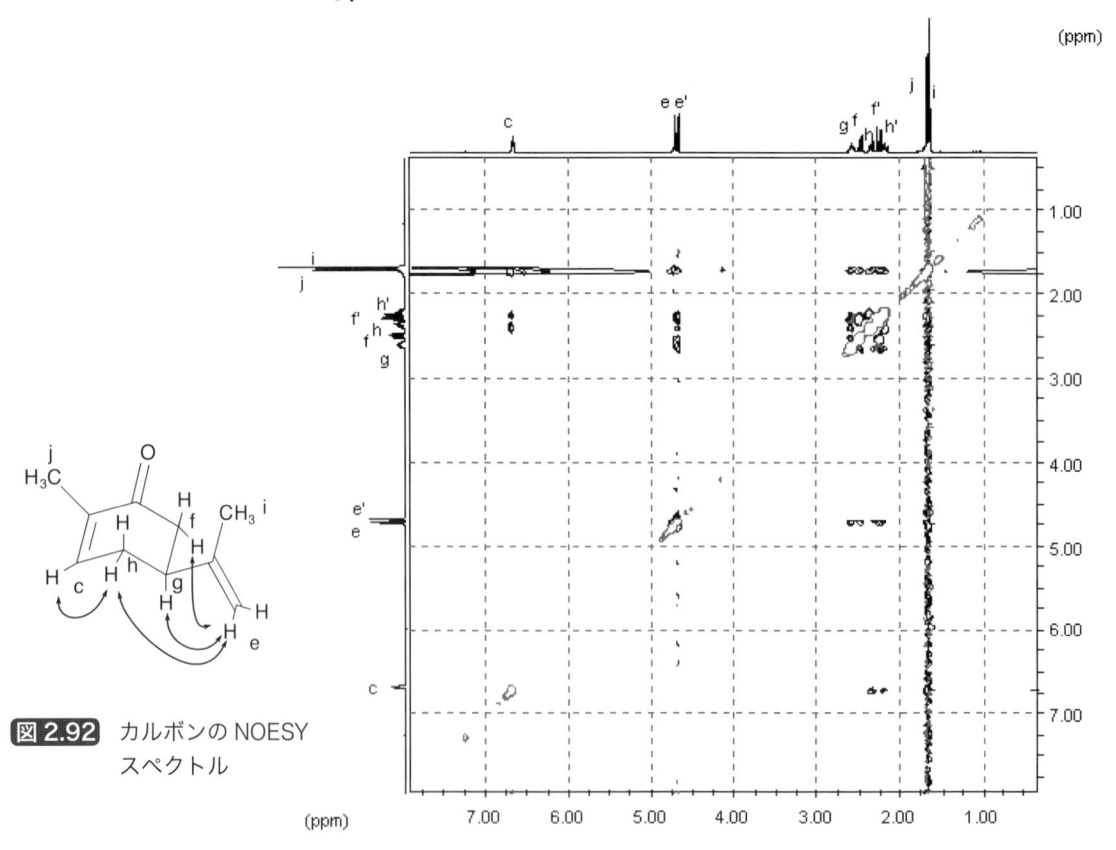

図2.92 カルボンのNOESYスペクトル

NOE の相互作用はカップリングに比べてはるかに小さいので，クロスピーク強度は COSY よりも弱く，そのため長時間の積算が必要となることが多い．また，NOE の大きさは分子運動に敏感であり，分子量の増大（分子運動性の低下）とともに正の値から減少していき，高分子では負の値となる．このためある過渡的な分子量領域（磁場強度によって異なるが 500 から 1000 前後）ではゼロに近くなり検出できないことがある．これを補う方法に ROESY (Rotatory-frame Overhauser Enhancement SpectroscopY，ロエジィ) という変法がある．基本的に得られる情報は同じである．

図 2.92 にカルボンの NOESY スペクトルを示した．Hc のアルケン水素と Hh のメチレン水素，He のアルケン水素から環の Hf，Hg，Hh の各水素への相関シグナルが検出されている．

CH-COSY と HMQC

CH-COSY は通常の COSY 法が水素どうしのカップリングの検出法であるのに対し，水素と炭素のカップリングを観測する方法である．異なる核(heteronuclear)どうしの関係なので，HETCOR (HETeronuclear CORrelation spectroscopy，ヘットコル) とよばれることもある．最も単純な水素と炭素の相関法で，直接結合する炭素 - 水素の相関シグナルのみを検出する．横軸が炭素の化学シフト軸，縦軸が水素の化学シフト軸になっていて，その交点にクロスピークがあらわれる．現在では感度面の問題で次の HMQC にとって代わられている．

HMQC (Heteronuclear Multiple Quantum Coherence, エイチエムキューシー) 法も得られる情報は同じであるが，こちらは横軸が水素，縦軸が炭素になる．二次元 NMR での横軸は最終的に FID を観測する軸であり，こちら側に感度の高い水素をもってくる方法（インバース法という）のほうが感度面で有利なので，現在ではもっぱら水素と炭素の相関シグナルの観測は HMQC あるいはその類似法である HSQC (Heteronuclear Single Quantum Coherence, エイチエスキューシー) が好んで用いられる．

図 2.93 の HMQC スペクトルの例では，横軸に水素，縦軸に炭素の一次元スペクトルを重ね書きしてみると，どの水素がどの炭素に結合しているかがクロスピークの位置から簡単にわかる．このような違う種類の核どうしの関係をみることは軸が 1 本しかない一次元スペクトルでは困難であり，二次元スペクトルの威力がよくわかる．

図 2.94 はリナロールの HMQC スペクトルであるが，2 個の四級炭素（C3 と C7）以外のすべてについて，炭素シグナルと水素シグナルの

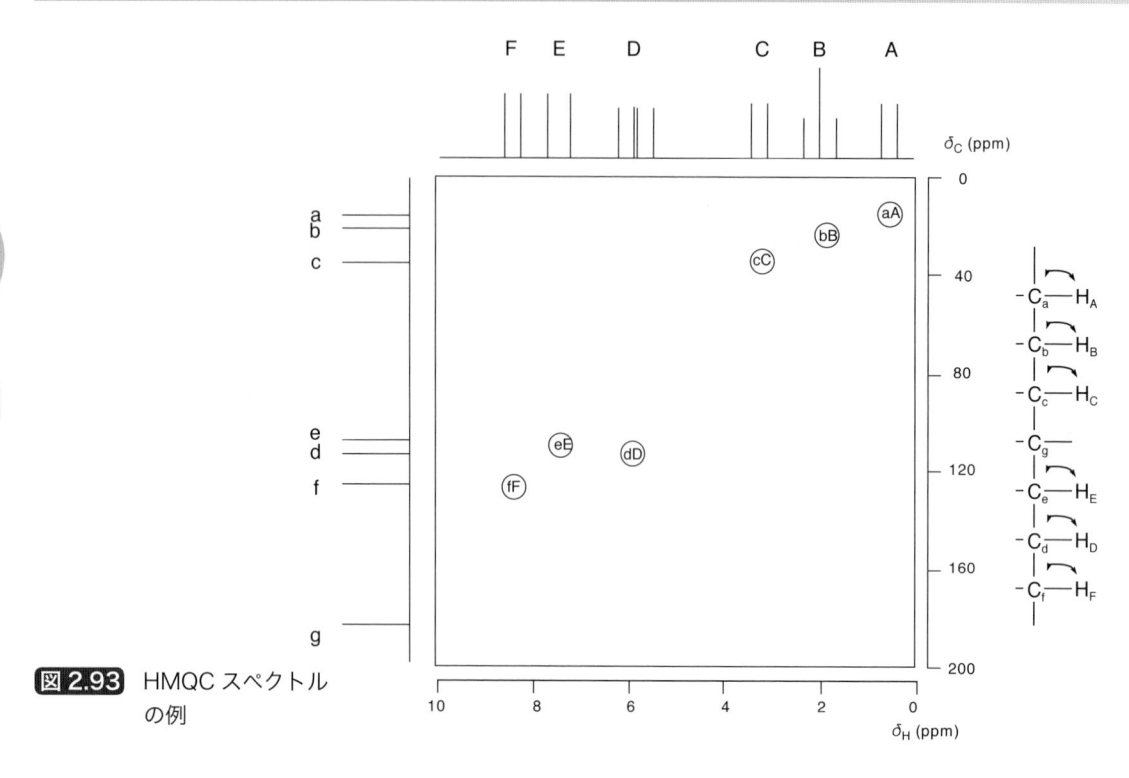

図 2.93 HMQC スペクトルの例

交点に相関ピークが観測され，どの水素とどの炭素が結合しているかが一目瞭然だ．1 位のアルケン水素はシスとトランスの 2 種類が ^{1}H NMR では非等価にあらわれていて，それぞれから同じ炭素シグナルへ二つ相関シグナルがみられている．

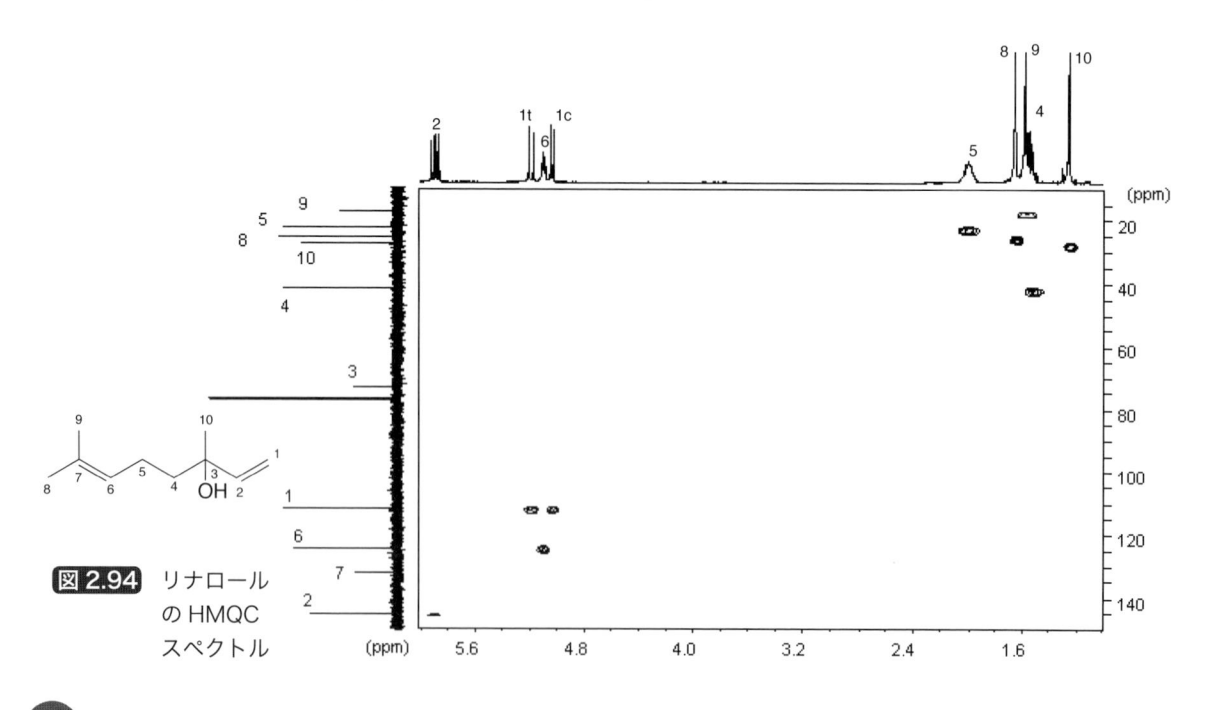

図 2.94 リナロールの HMQC スペクトル

LR-CH-COSY と HMBC

　LR-CH-COSY（Long-Range CH COSY）は CH-COSY の設定パラメータを変えて，炭素と水素の小さいカップリングに適するようにしたもので，炭素と水素のあいだの遠隔結合（$^{LR}J_{CH}$）を検出する．COLOC（COrrelation of LOng-range Coupling, コロック）という改良法もある．

　HMBC（Heteronuclear Multiple Bond Correlation, エイチエムビーシー）法は CH-COSY に対する HMQC の関係と同じインバース法である．HMQC 同様に感度にすぐれるため，最近はもっぱらこちらが用いられる．

　遠隔 CH 結合は 2 結合（H–C–C）あるいは 3 結合（H–C–C–C）離れた水素と炭素との関係であり，これによって炭素のつながりを間接的にたどることができる．直接結合する水素のない四級炭素との関係がわかること，酸素などヘテロ原子があいだに介在してもつながりがわかることから，COSY や TOCSY ではたどれない水素ネットワークのとぎれている分子の構造解析にとても有効である．ただし，CH の遠隔結合は $^{2}J_{CH}$，$^{3}J_{CH}$ とも数 Hz 程度の大きさであり通常は両者を区別することはできないので，つながりをたどるときにあいまいさが残る場合がある．HMQC のような水素と炭素の 1：1 の対応ではなく，相関ピークが多数あらわれるので，それらを相補的に用いながら解析を進める必要がある．

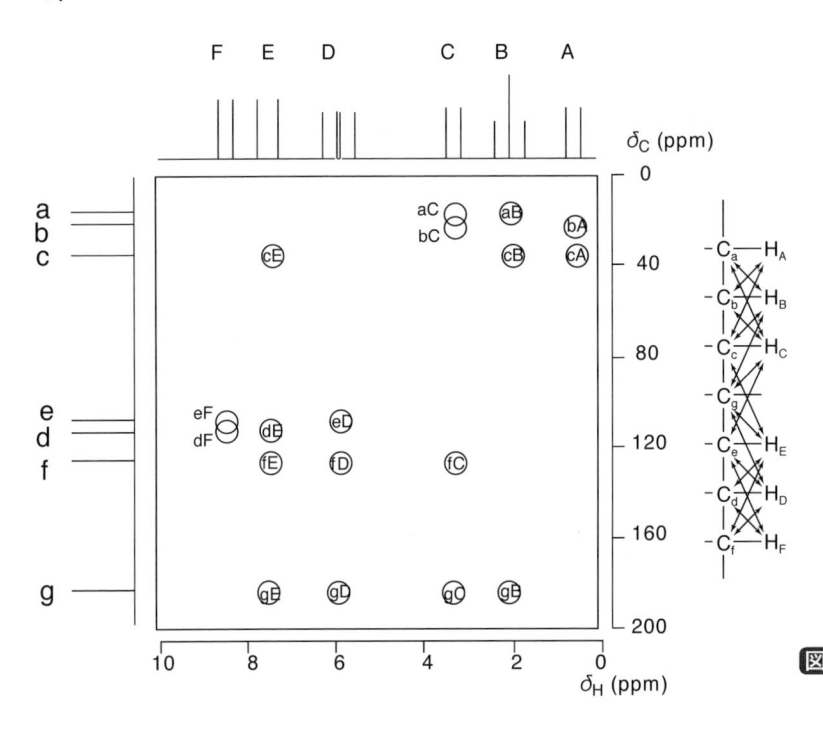

図 2.95　HMBC スペクトルの例

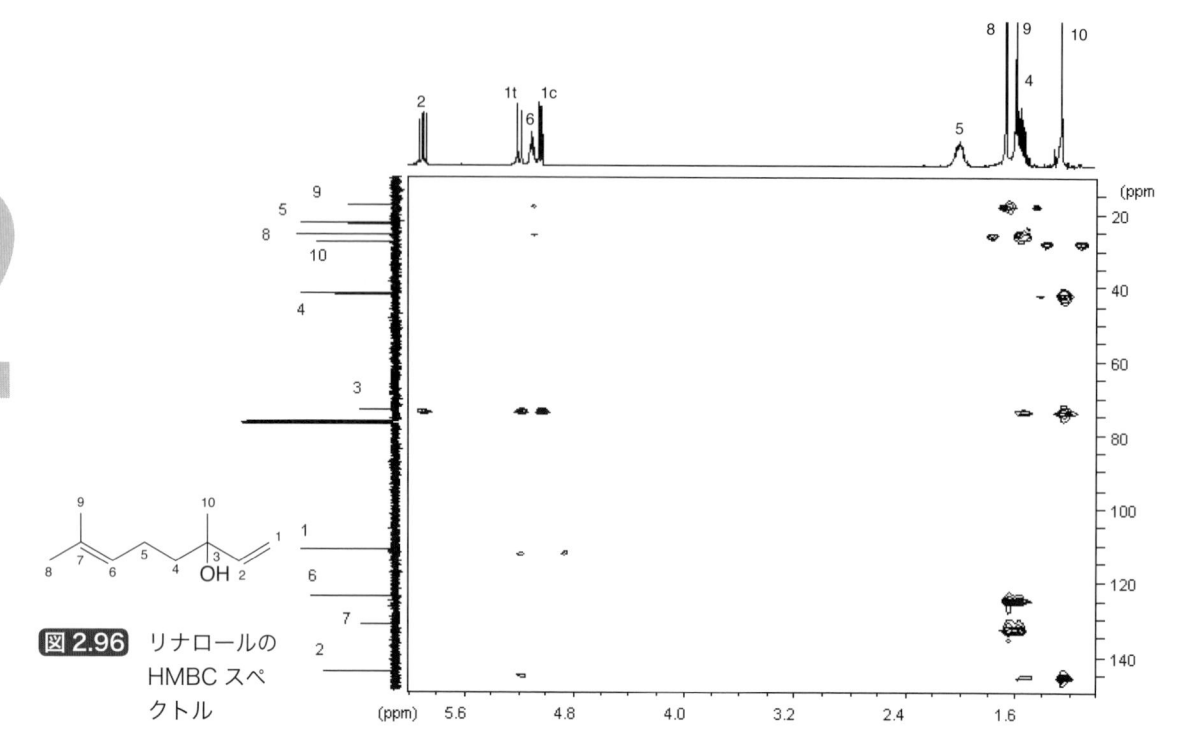

図 2.96 リナロールのHMBCスペクトル

また，$^3J_{CH}$ 値は水素のビシナルカップリング（$^3J_{HH}$）と同様に二面角依存性があり，0度，180度で最大，90度でほぼゼロになる．角度が90度くらいに固定されているときは当然相関シグナルは得られない．また観測するJ値によってパラメータを最適化する必要があるが，実際の分子では $^2J_{CH}$，$^3J_{CH}$ の値は 0 ～ 20 Hz とばらつきが大きく，中間の値（通常は 7 Hz くらいを用いる）を使用すると，それからはずれるJ値の相関シグナルがでにくいという問題もあるので注意が必要だ．

図 2.95 の例では，四級炭素である Cg からの相関シグナルがあらわれるようすがわかる．またこの位置が酸素などのヘテロ原子でもそれをはさむ eC や cE の相関は検出可能である．

同様にリナロールのHMBCスペクトルを示した（**図 2.96**）．単純なHMQCスペクトルと異なり，多数の相関シグナルがみられる．また，HMQCでは相関シグナルを与えなかった四級炭素（C3，C7）からの相関シグナルも検出されているのがわかる．

他核とのカップリング

ここまで水素と炭素のNMRの話を進めてきたが，最初に述べたように，NMRでシグナルを与える核はほかにもたくさんある．そのうち，水素や炭素のNMR解析に影響を与えるものをいくつか紹介しておこう．

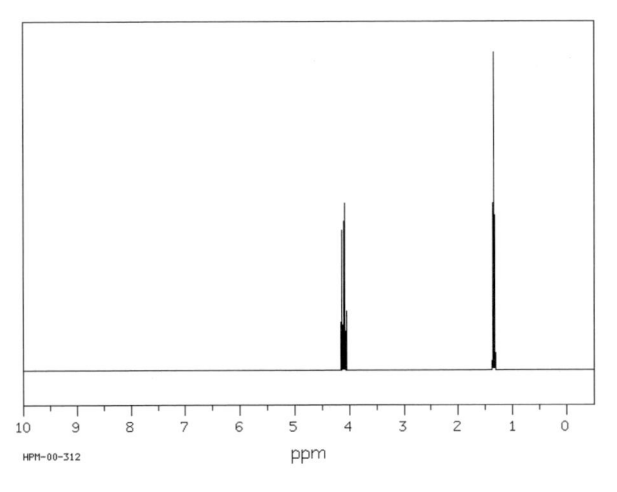

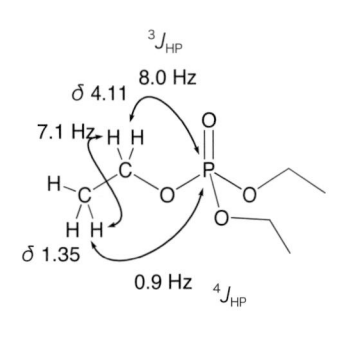

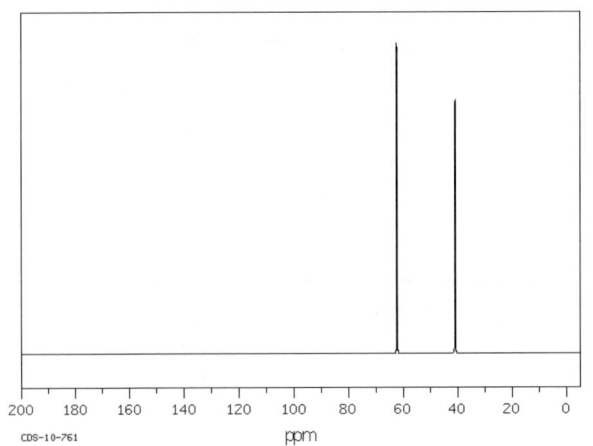

図 2.97 リン酸トリエチルの ^{1}H（上）および ^{13}C（下）スペクトル

独立行政法人産業技術総合研究所 SDBS より許可を得て転載．

　まずリンがある．^{31}P は天然存在比 100 ％でスピン量子数が ＋1/2 の核であり，NMR で観測しやすい核の一つだ．生体成分には各種リン酸エステルがあり，その分析にリンの NMR は重要な手法の一つとなっている．リンを含む化合物では水素や炭素の NMR にもリンとのカップリングがあらわれて，予想していないと「はてな」と思うことがあるので注意しよう．

　リン酸トリエチルの水素と炭素の NMR を図 2.97 に示す．

　フッ素もリン同様に ^{19}F が天然存在比 100 ％でスピン量子数 ＋1/2 である．フッ素は磁気回転比が大きく，^{1}H に次いで感度が高い特徴をもつ．天然のフッ素化合物は少ないが，溶媒，試薬などにトリフルオロ酢酸やトリフルオロエタノールを使用した場合，その残存には注意が必要だ．図 2.98 にトリフルオロエタノールの水素と炭素の NMR を示す．

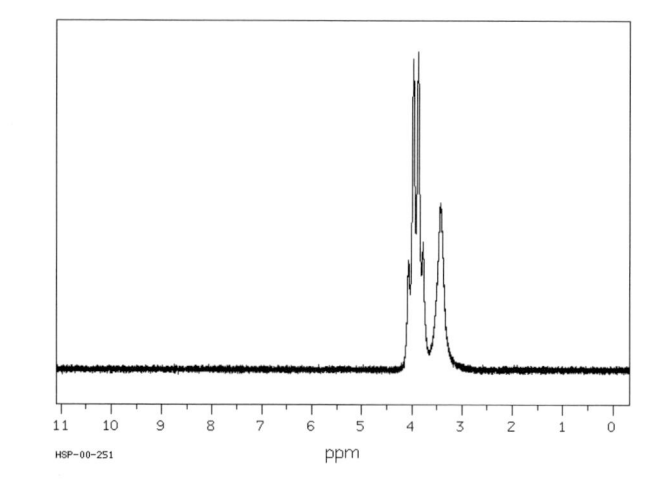

図2.98 トリフルオロエタノールの ^1H(上)および ^{13}C(下)スペクトル

独立行政法人産業技術総合研究所 SDBS より許可を得て転載.

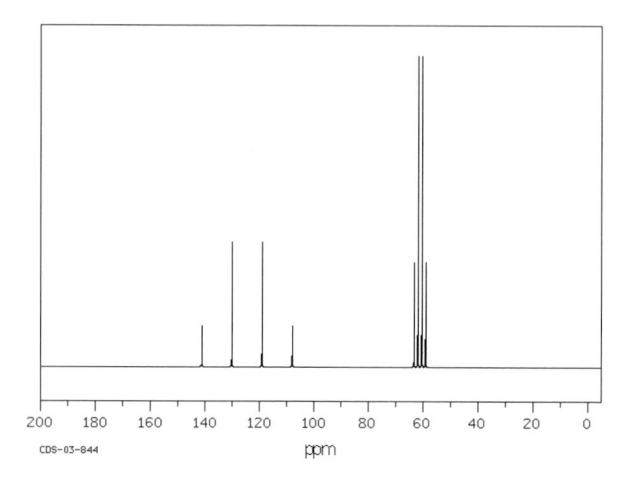

3

質量分析法

核磁気共鳴分光法

赤外分光法

紫外可視分光法

分子構造を決める手順

赤外分光法とは

赤外分光法〔infrared spectroscopy, IR（アイアール）〕は赤外線の吸収スペクトルをみる方法である．赤外領域は，電磁波のうち可視光とマイクロ波のあいだの部分で，波長でいうと 0.8～300 μm（800～300,000 nm）となる．一般に有機化合物の構造解析に用いられるのは，2.5～25 μm の波長領域である．このあたりの電磁波の吸収は分子の振動エネルギーに対応している．

分子内の原子は結合によって互いに結び合わされており，その結合が伸び縮みしたり，揺れたりする振動エネルギー分に相当する電磁波を吸収する．それを観測するのが赤外吸収スペクトルということになる．

赤外吸収スペクトルの見かけ上の特徴は，横軸を波数，縦軸を透過度であらわすことだ．波数は波長の逆数であり，赤外吸収スペクトルでは横軸を 1 cm あたりの波の数〔cm^{-1}，カイザー（kayser）〕で表示する．こうすると，2.5～25 μm の波長は 4000～400 cm^{-1} の波数に対応する．スペクトルは左側が波長の短い側，右側が波長の長い側なので，波数表示では左へ行くほど数値が大きくなる．また横軸の目盛のうち方もちょっと注意が必要で，以前は波長を等間隔，つまりリニアーになるように表示して単位だけを波数に置き換えた軸が用いられた．このため波数目盛としては等間隔にならず，目盛の中間値が読みにくいという欠点があった．それに対して最近は波数が等間隔になるように表示が変わってきており，しかもスペクトル全体が波数で同じ間隔ではなく，2000 cm^{-1} と 1000 cm^{-1} に段差があって目盛間隔が領域で変化しているのが普通である．

電磁波の吸収スペクトルは，通常は縦軸は吸光度で表示する．ところが，赤外スペクトルは透過度 T の％表示するのが通例である．セルを

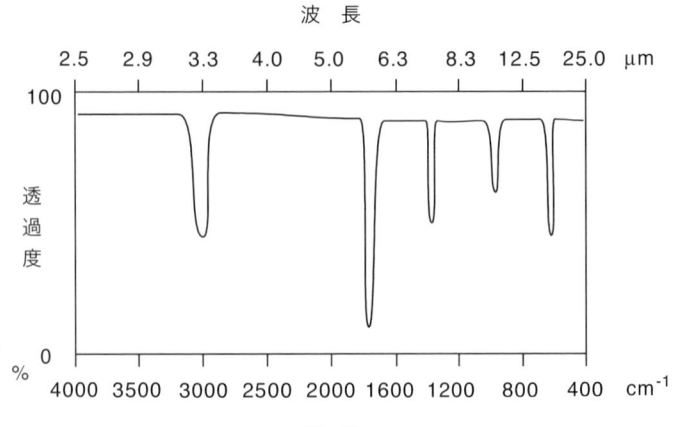

図3.1 赤外吸収スペクトルの例

通過する前の電磁波強度 I_0 と通過後の強度 I を比較して，$T = (I/I_0) \times 100$ であらわす．まったく吸収がなければ透過度 100 %，すべて吸収されてしまえば 0 % で，軸の下方が 0 %，上方が 100 % になるように表示する．つまり，ベースラインが上にあり，そこから吸収ピークが下向きにあらわれるという，ほかの分析チャートとは逆の表示となっている（図 3.1）．

振動の種類

赤外吸収の起こるもとになる結合の振動について説明しよう．結合の振動には大きく 2 種類がある．伸縮振動と変角振動だ（図 3.2）．

伸縮振動 (stretching vibration) とは読んで字のとおり，結合の伸び縮みによる振動で，結合している原子の間隔が広がったり縮まったりする結合軸方向への振動をあらわす．共有結合をバネとして，そのバネが伸縮するようなものと考えるとイメージしやすい．

それに対して，変角振動 (bending vibration) は結合角の変化をともなう振動で，結合する 2 個の原子の一方を固定したときに他方の原子が結合軸と直交する方向に弧を描くように左右に揺れるかたちの振動である．

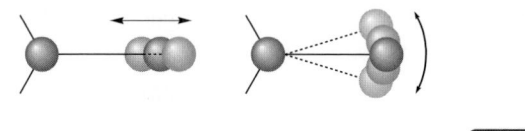

伸縮振動　　変角振動　　**図 3.2** 伸縮振動と変角振動

基本的にはこの 2 種類を考えればよいが，実際の分子では対称性の要素が加わるので事情は複雑になる．たとえば，多くの化合物に存在するメチレン基 ($-CH_2-$) の C–H 結合の振動について，場合分けして考えてみよう．

まず伸縮振動は C–H 結合軸方向への伸び縮み振動だが，C–H 結合が 2 個あるために両方の伸縮がシンクロナイズする場合，すなわち一方が伸びるときに他方も伸び，一方が縮んだときに他方も縮むという場合と，その逆に一方が伸びたときに他方が縮むという動きの 2 種類がある．前者を対称伸縮振動，後者を逆対称伸縮振動といい，それぞれ異なるエネルギーをもつ．すなわち異なる波数の赤外吸収を示す．

次に変角振動．これはもっと複雑で，まず H–C–H 平面内の内と外の違いがあり，それぞれに対称と逆対称がある．H–C–H 平面内で一方の水素が外側へ揺れたときに他方も同時に外側へ揺れるかたち，つまり H–C–H 結合角が外側に開いたり内側に狭まったりはさみの動きのような

揺れで，これが対称面内変角振動(はさみ)．一方が外側に揺れたときに他方も同じ方向つまり内側に揺れるかたち，つまり H–C–H 結合角は変わらないで 2 個の水素が常に同方向へ揺れる，逆対称面内変角振動（横揺れ）．それから，H–C–H 平面と垂直な方向で両方の水素が同じ方向に揺れる対称面外変角振動(縦揺れ)と，互い違いにねじれるように揺れる逆対称面外変角振動(ひねり)だ(**図 3.3**)．

対称伸縮　　　逆対称伸縮

対称面内変角　　逆対称面内変角
（はさみ）　　　（横揺れ）

対称面外変角　　逆対称面内変角
（縦揺れ）　　　（ひねり）

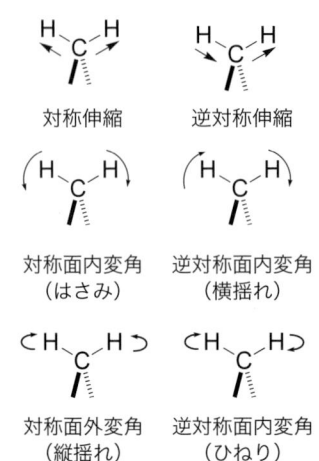

図 3.3 メチレン基の C–H 結合には 6 種類の振動がある

あわせてメチレン基の C–H 結合には 6 種類の振動が存在することになる．分子を形づくる原子どうしの結合はたくさんあり，それぞれについて多様な伸縮および変角振動が存在するので，赤外吸収スペクトルが複雑なピークパターンになることは容易に想像がつくだろう．このスペクトルの複雑さがスペクトル解析上のデメリットでもあり，またメリットでもある．良くも悪くも赤外吸収スペクトルの特性といえるだろう．

官能基と特性吸収

多くの有機化合物は炭素と水素からなる骨格にいろいろな官能基が結合した構造をとっている．炭素 - 炭素結合，炭素 - 水素結合はどんな化合物にも共通して存在し，それに由来する結合振動は必ず赤外スペクトルにあらわれるので，逆にいうと構造解析の役にはあまり立たない（もちろん後述のように炭素 - 炭素結合でも二重結合や三重結合は特徴的な吸収をもつし，炭素 - 水素結合も時によっては特徴的な場合もある）．

赤外吸収スペクトルで主として利用価値のあるのは官能基の部分だ．たとえばアルコールには O–H 結合があり，ケトンには C=O 結合があり，カルボン酸はその両者をあわせもつというように，官能基には特定の結合があるため，炭化水素にはみられない特徴的な吸収をもつ．これを特性吸収という．赤外吸収スペクトルで見るべきは，この特性吸収ピーク

による官能基の同定であるといって過言ではない．

　赤外スペクトルの波数表示は波長の逆数であり，波長が短いすなわち波数が大きいほどエネルギーも大きい．つまりスペクトルの左側ほどエネルギーが大きい，すなわち振動しにくい結合ということになる．たとえば，C–C 結合，C=C 結合，C≡C 結合のそれぞれの伸縮振動の吸収を比べてみると，C–C 結合は 1000 cm^{-1} 付近に吸収ピークをもつのに対して，C=C では 1640 cm^{-1} 付近，C≡C では 2200 cm^{-1} 付近に吸収を示す．単結合より二重結合，二重結合より三重結合のほうが強い結合であり，結合距離も短いので，結合の多重度が増すほど振動させるのに必要なエネルギーが大きくなることが吸収波数に反映しているのがわかる（**図 3.4**）．また，同じ C–H 結合でも，アルカン (2800〜3000 cm^{-1})，アルケン (3000〜3100 cm^{-1})，アルキン (3300 cm^{-1}) の順にエネルギーが大きくなるが，これは炭素の混成が sp^3，sp^2，sp となるにつれて結合電子の s 性が高まり，原子核に強く引きつけられているために結合距離が短くなるという事実とよく合っている．

　一方，分子中の数多くの結合のもつ多種類の振動による吸収が，すべて重なってあらわれるというスペクトルの複雑さを逆手に取った利用法がある．スペクトルのうち，とくに 1400 cm^{-1} 以下の低波数部分は多くの振動が重なってあらわれるために複雑なパターンとなり，個々のピークの帰属を困難にしている．構造が少しでも異なればその違いによる結合の振動が変わってくるので，この領域の複雑なパターンが変化する．いいかえれば，この複雑さのために構造が違っても偶然まったく同じパターンを示す確率はほとんどないわけである．

　このことから，この低波数領域を指紋領域という．化合物のまさに指紋であり，一つとして同じものはない．つまり化合物の構造情報にはなりにくいが，化合物の区別の手がかりになるのだ．だから，二つの化合物が同じかどうかを調べたい場合，たとえば天然から得られた物質と化学的に合成した物質のような場合，赤外スペクトルの指紋領域がぴったり一致するということが，その純度も含めた物質の同一性の根拠になる．

　赤外スペクトルはおよそ結合をもつ分子ではすべて吸収をもつから，溶液状での測定がしにくいという欠点がある．NMR では溶媒の水素シ

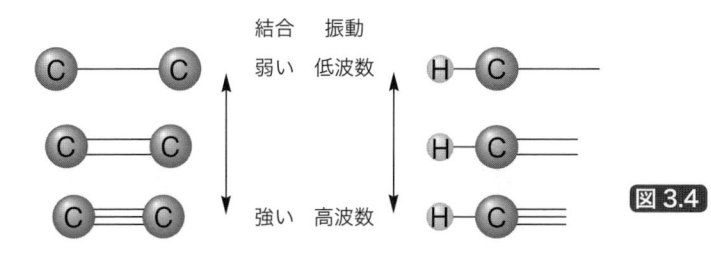

図 3.4 結合の多重度が増すと吸収波数も高くなる

グナルの影響を避けるために重水素化溶媒を使用するが，そういう逃げ道が赤外スペクトルにはない．

もっとも一般的な測定法として，液体試料の場合は2枚の透明な塩化ナトリウムの板に試料そのものをはさみこんで液膜として測定する液膜法，固体試料の場合は臭化カリウム粉末とともに微細粉末にすりつぶしたものを高圧で透明なディスク状に整形して測定試料とするKBrディスク法が用いられる．また，流動パラフィンに粉末を懸濁して測定する方法（ヌジョール法）も，炭化水素由来の吸収のない部分に特性吸収をもつ分子では用いることができる．溶液で測定する場合は，単純な構造で赤外部に吸収の少ない二硫化炭素や四塩化炭素が用いられることがある．また，現在はFT-IR装置が一般的であり，FT-NMRと同様にデータの積算が可能である．

各部分の見方

4000〜2500 cm^{-1}

C–H, O–H, N–Hなどの伸縮振動領域である．–C–Hは2800〜3000 cm^{-1}に吸収がみられる．アルケンなど=C–Hになると3000〜3100 cm^{-1}付近に吸収がシフトするので，3000 cm^{-1}を境に高波数に吸収ピークあればアルケンやベンゼン環水素の存在がわかる．また≡C–Hは3300 cm^{-1}に鋭い特徴的なピークをあらわす．

O–Hは3000〜3500 cm^{-1}に幅広い強い吸収を示すのが特徴で，アルコールの存在はすぐにわかる．カルボン酸になるとさらに幅広く2500〜3500 cm^{-1}にかけて吸収があらわれる．ヒドロキシ基に由来する吸収は分子間の会合などいろいろな要因で変化しやすく，逆にそのことから周囲の構造情報の手がかりになることもある．

アルコールとしてヘキサノール，カルボン酸としてヘキサン酸のスペクトルを示す（図3.5，3.6）．

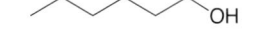

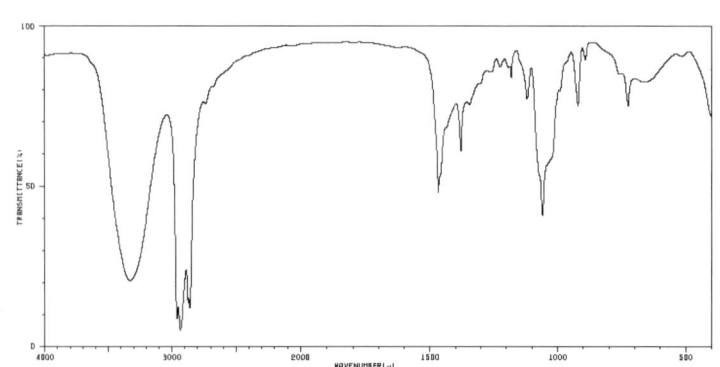

図3.5 ヘキサノールの赤外吸収スペクトル

独立行政法人産業技術総合研究所SDBSより許可を得て転載．

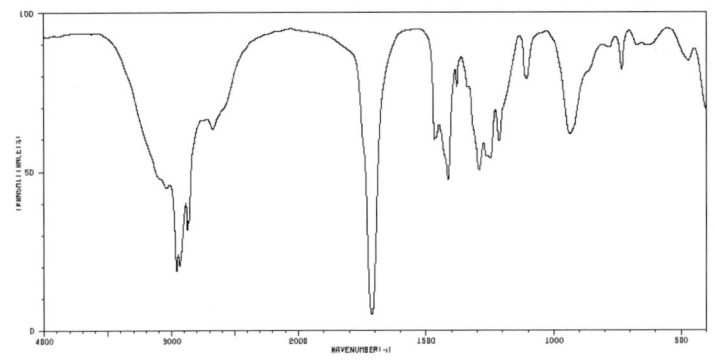

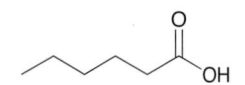

図 3.6 ヘキサン酸の赤外吸収スペクトル
独立行政法人産業技術総合研究所SDBSより許可を得て転載.

2500～1900 cm^{-1}

通常の化合物でこのあたりに吸収をもつものは少なく，複雑なパターンを示す赤外吸収にあっては珍しく不毛の領域だ．逆に，ここの吸収がある場合はたいへん特徴的で目立つことになる．C≡C，C≡Nなどの三重結合やC=C=Cのような累積二重結合はここに吸収があり，これらの官能基をもつ物質の重要な手がかりとなる．

1900～1500 cm^{-1}

赤外吸収スペクトルでもっとも重要な領域がここだ．カルボニルC=O伸縮振動がここにあらわれる．カルボニルの吸収はとても強く，スペクトル全体でもっとも強いピークとなることが珍しくない．またケトン，アルデヒド，カルボン酸，エステルなどいろいろな官能基で吸収波数が特徴的に変化するので，どんなカルボニルかの同定にも役に立つ．とにかく赤外スペクトルではまず一番にこの領域をみるのが肝要だ．

図 3.7～3.10 に 2-ヘキサノン(ケトン)，ヘキサナール(アルデヒド)，ヘキサン酸メチル(エステル)，ヘキサン酸アミド(アミド)のスペクトルを示す．いずれもスペクトルの中央部に強いカルボニルの伸縮振動ピークがあらわれているのが特徴的である．

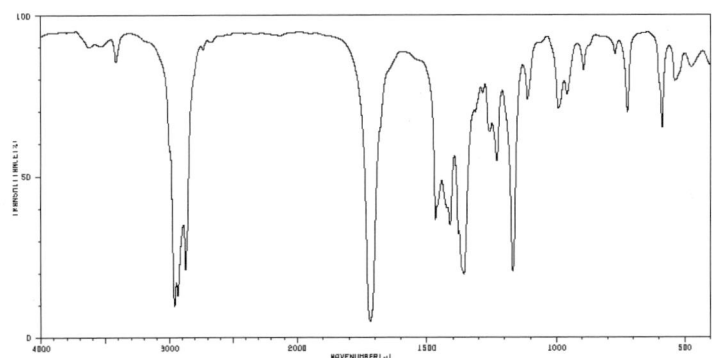

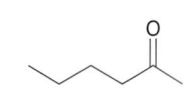

図 3.7 2-ヘキサノンの赤外吸収スペクトル
独立行政法人産業技術総合研究所SDBSより許可を得て転載.

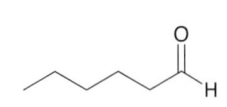

図 3.8 ヘキサナールの赤外吸収スペクトル
独立行政法人産業技術総合研究所 SDBS より許可を得て転載.

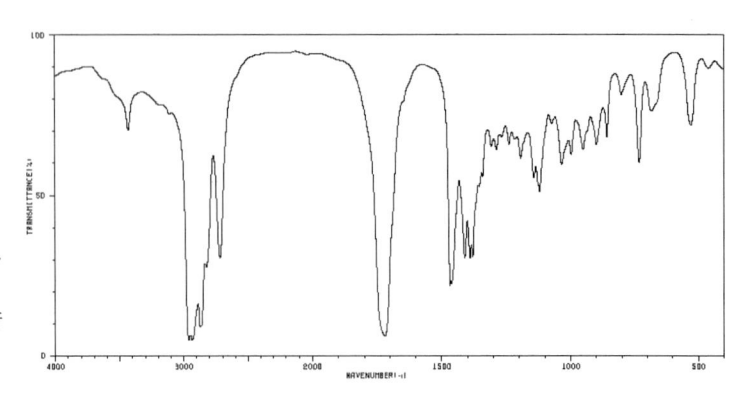

図 3.9 ヘキサン酸メチルの赤外吸収スペクトル
独立行政法人産業技術総合研究所 SDBS より許可を得て転載.

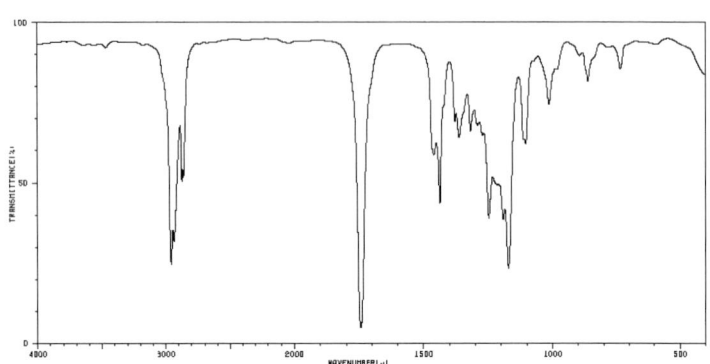

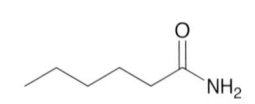

図 3.10 ヘキサン酸アミドの赤外吸収スペクトル
独立行政法人産業技術総合研究所 SDBS より許可を得て転載.

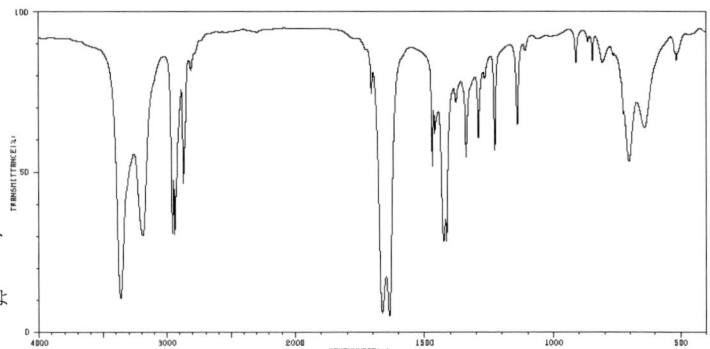

$1500 \sim 600 \, cm^{-1}$

　C–C, C–O など多くの結合振動の重なる領域で, 通常は構造情報をみるには不適当. ただし, ニトロ基, スルホ基など, このあたりに特徴的な強い吸収をもつ官能基もある.

　また, $1000 \, cm^{-1}$ 以下の部分は, =C–H の面外変角振動が特徴的にあらわれ, ベンゼン環やアルケンの置換パターンの判定ができる.

4

質量分析法

核磁気共鳴分光法

赤外分光法

紫外可視分光法

分子構造を決める手順

紫外可視分光法とは

紫外可視分光法〔ultraviolet-visible spectroscopy, UV-VIS（ユーブイ-ビス）〕は紫外線と可視光線の吸収をみるスペクトルである．電磁波吸収スペクトルのうち，もっとも波長の短い部分を利用するのが紫外線吸収スペクトルで，波長にして 200～350 nm の領域である．普通はそれよりさらに長波長側の可視部 (350～800 nm) 吸収と連続的につながっているので，一括して紫外可視吸収スペクトルという．

紫外可視吸収は別名電子スペクトルといわれるように，分子のなかの電子の励起によって起こる吸収で，これによって電子の状態の情報を得ることができる．

共有結合電子の軌道は結合性軌道と反結合性軌道からなり，基底状態ではエネルギーの低い結合性軌道が 2 個の電子で満たされている．この電子を 1 個高い反結合性軌道へ励起するときに，そのエネルギーに応じた電磁波の吸収が起こるわけだ．この場合，電子で満たされた結合軌道のうち，もっともエネルギー準位の高い軌道すなわち最高被占軌道（HOMO）から，空の反結合性軌道のうちもっともエネルギーの低い軌道すなわち最低空軌道（LUMO）への励起がもっともエネルギーが小さくてすむ．

エネルギーの大きさは電磁波の波長に反比例し，通常の σ 結合電子の励起エネルギーは大きすぎて紫外部よりも波長の短い電磁波が必要になるので，一般に観測できる 200 nm 以上の波長 (143 kcal 以下のエネルギー相当) で励起できる電子は π 結合，それも共役系に含まれるものに

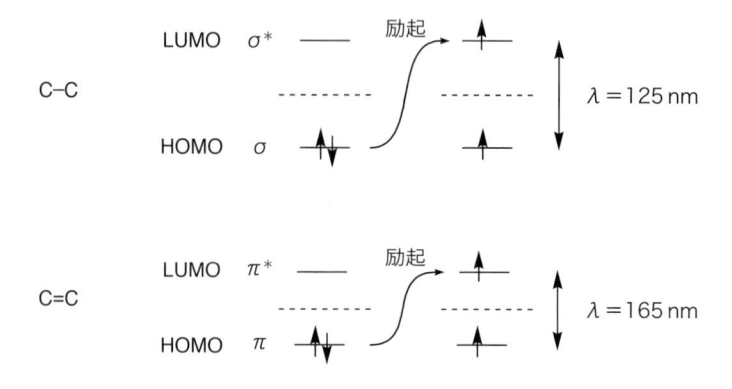

図 4.1 紫外吸収スペクトルで観測できるのは共役系の π 電子に限られる

限られる（**図 4.1**）．これは，共役系になると HOMO と LUMO のエネルギー差が小さくなるからである．

つまり，紫外可視分光法は分子内のジエン C=C–C=C，エノン C=C–C=O，ベンゼン環などの共役系の構造を明らかにするのに用いられる手法である．

紫外可視吸収スペクトルは，基本的にはひとつながりの共役系で一つの励起に対応するので，スペクトルとしては 1 個から数個の単純な吸収極大を示すものが多い．

スペクトルは横軸に波長（nm），縦軸に吸収強度（吸光度）をとる．吸光度は透過度（透過後の強度 I／透過前の強度 I_0）の逆数の対数をとったもので，数値が大きいほど吸収が強いことをあらわす（**図 4.2**）．ランバート - ベール（Lanbert-Beer）則によって希薄溶液では溶液濃度と吸光度が比例するので，濃度の明らかな溶液で測定すればモルあたりの吸収強度（モル吸光係数）を求めることができる．紫外可視吸収スペクトルでは吸収強度も分子固有の情報なので，常に極大吸収波長とともにモル吸光係数を表記する．

$$A = \log(I_0/I) = \varepsilon c l$$

ε：モル吸光係数
c：濃度（mol/L）
l：光路長（cm）

現在では NMR など，より詳細で直接的な構造情報を与える手法が進歩しているため，以前ほど実際に未知化合物の構造解析に紫外可視吸収が重要視されることは少ない．しかし特定の分子群，たとえばフラボノ

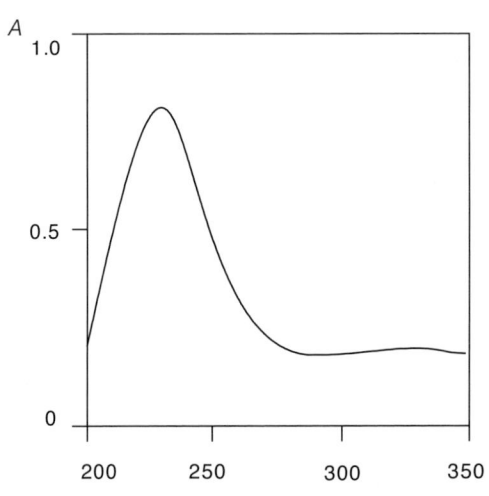

図 4.2 紫外吸収スペクトルの例

イドなどの共通する基本骨格(共役系)をもった分子では，ヒドロキシ基の置換様式の決定に経験的な吸収極大のシフトが用いられたりすることもある．

発色団と助色団

紫外可視部に吸収をもつには，最低でも二つの π 結合による共役系の存在が必要である．このような吸収を起こす基本となる構造単位を発色団 (発色に関与する原子団，chromophore) という．共役系が延びるほど HOMO と LUMO のエネルギー差は小さくなるので，吸収波長は長波長側にシフトする (**図 4.3**)．最大吸収波長が 350 nm を超えると紫外部領域から可視部領域へと移るので，化合物には色がつくようになる．発色団という名のとおりである．

$$H-(CH=CH)_n-H$$

n	λ (nm)
1	165
2	217
3	258
4	286

図 4.3 共役系の延びと吸収極大波長

また，発色団になる構造単位にいろいろな置換基がつくことによって吸収波長や吸収強度が変化することが知られており，このような色の変化を引き起こす置換基を助色団 (auxchrome) という．とくに窒素置換基は大きな長波長シフトを引き起こす．なお，吸収極大値の長波長側へのシフトを深色シフト (red shift, bathochromic shift)，逆に短波長側へのシフトを浅色シフト (blue shift, hypsochromic shift) とよぶ．

虹の七色といわれるように，可視光線は紫色が最も波長が短く，青，緑，黄，赤と順に波長が長くなって赤外線へとつながっている．また，可視部吸収をもつ物質の実際に外から見える色は吸収される色の補色になるので，波長の短いほうから，黄，橙，赤，青，緑の順になる．

吸収極大波長	吸収色	色調
～400 nm	青	黄
～500 nm	緑	赤
～600 nm	黄	青
～700 nm	赤	緑

一般に色素 (pigment) といわれる多彩な色彩をもつ分子は，ベンゼン環などの共役系にアミノ基，フェノール性ヒドロキシ基などの置換基をもつものが多い．またこれらの分子は，pH によって置換基の解離度が

変化して色の変化を引き起こすものがあり，pH 指示薬として用いられる（図 4.4）．

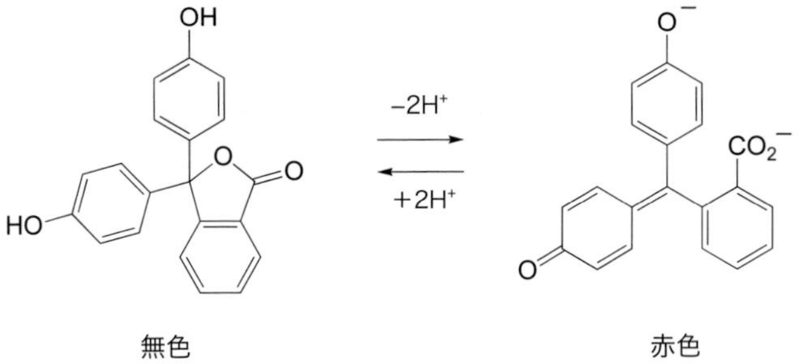

図 4.4 pH 指示薬の一つフェノールフタレイン

無色 ⇌ 赤色（−2H$^+$ / +2H$^+$）

質量分析法

核磁気共鳴分光法

赤外分光法

紫外可視分光法

5 分子構造を決める手順

測定以前の注意

まずなによりも物質の純度をチェックすること．混在する不純物によるシグナルがスペクトル上にあらわれて，本来のシグナルとの区別がつかないことが往々にしてあるので注意が必要だ．とくに水分や使用溶媒の混入には注意すること．

次に，試料量がたくさんある場合は問題にならないが，微量しかない場合（1 mg 以下）は，どういう順番でスペクトル分析を行うかにも気を配る必要がある．得られる情報量，必要試料量，測定後の回収可能性を考えると，NMR，MS，IR，UV-VIS という順序がよさそうだ．

NMR は得られる情報量が最も多いが，必要試料量も一番多いという欠点がある．幸い測定溶液はそのまま回収できるので，微量試料は全量を NMR 分析に供したあとで，回収して次の分析にまわすことができる．2 番目の MS は試料を装置内に導入してしまうので測定後の回収は不可能であるが，必要試料量は非常に微量ですむことと，ほかの方法では得られない分子式情報が得られるので，必ず測定しておきたい．とくに新規化合物を報文に記載する場合は，分子式決定根拠として高分解能質量分析値を要求されることが多い．

ここで一つ注意が必要なのは，NMR 測定後の試料を回収して MS 分析にまわす場合に，アルコール，フェノールなどのヒドロキシ基の水素が溶媒中の重水素で置換している可能性を考慮することだ．溶媒に重水（D_2O）や重メタノール（CD_3OD）などを用いた場合は，回収した溶液を濃縮乾固したあと，通常の軽溶媒（重水素化されていない溶媒）を加えて乾固する操作を繰り返して重水素を水素にもどしておかないと，質量分析で分析値がずれる原因となる．3 番目の IR は NMR や MS から導かれた構造の裏づけをとる目的で利用されることが多い．そのあとに必要であれば UV-VIS を測定する．

MS の解析

MS 分析結果では，まず分子イオンピークを同定する．一般には最大質量数ピークがそれであるが，EI 法のような高エネルギーイオン化法ではフラグメンテーションによって分子イオンがほとんど検出できないこともあるし，また FAB，FD などのソフトイオン化法でも H^+ 付加イオン，Na^+ 付加イオンのようなかたちであらわれることがあるので注意する．場合によっては NMR データから炭素数，水素数を予想することも必要になる．

分子イオンすなわち整数分子量がわかったら，そのピークについて高

分解能分析を行って分子式を求める．分子イオンピークの強度が小さい場合は，構造の明らかなフラグメントイオン〔M − 15（CH_3），M − 18（H_2O）など〕について高分解能分析を行って分子式を逆に求めることもできる．

　得られた分子式は当然窒素ルールを満たしており，不飽和度が整数のものでなければならないことに注意しよう．不飽和度は構造解析の大きな手がかりなので必ず算出すること．

NMR では何を測定するか

　NMR では少なくとも水素と炭素の 1D スペクトルと炭素の DEPT（INEPT）スペクトルを測定する．現在の装置なら，分子量 500 程度の分子で 1〜2 mg あれば，一晩の積算で炭素のシグナルを得ることは可能だ．二次元スペクトルでは，できれば COSY，HMQC，HMBC のすべてを測定したい．このうち COSY と HMQC は感度が比較的高いので問題は少ないが，HMBC は感度がやや落ちるので，量に制約がある場合は必要な相関シグナルがすべて得られない場合もある．しかし，HMQC や HMBC のような水素観測のインバース法は，直接炭素観測よりも感度面で有利なので，炭素の完全デカップリングスペクトルでシグナルが得られないような低濃度溶液でも，これら二次元法の相関シグナル位置から部分的に炭素の化学シフトを求めることは十分可能である．

部分構造の推定

　分子式が決まったら，まず NMR から水素と炭素がどんな環境にあるかをみる．とくに，DEPT（INEPT）スペクトルデータが得られる場合は，メチル，メチレン，メチン，四級の各炭素の種別がつけられる．炭素の化学シフトから sp^3 炭素，sp^2 炭素のおおよその個数がわかり，δ 130 ppm 付近の炭素の個数と不飽和度を考え合わせてベンゼン環の有無なども見当がつくことが多い．また δ 160〜220 ppm のカルボニル炭素の有無も重要な情報だ．

　次に，HMQC スペクトルで種別わけした各炭素からの相関シグナルをみれば，水素の種別わけもできる．簡単な化合物であれば，^{1}H NMR を見ただけで，シグナルと積分強度から水素の種別わけはできるが，複雑にシグナルが重なりあっていたり，溶媒や夾雑物シグナルと重なっていたりすると，どこに何個分の水素があるのかすらわかりにくいことはよくある．そんなとき，分離のよい HMQC スペクトルの相関シグナルから水素の位置を特定するのはたいへん有用なのである．この時点で，

メチレン炭素からの相関シグナルが2か所の水素シグナルにわかれてあらわれていたりすると，非等価なメチレン水素があるなということもわかる．

COSYで水素のカップリングがたどれるところは，水素どうしのカップリング関係がわかるので，ここまででいくつかの部分構造を導くことができる．分子式を考慮して，酸素や窒素など直接 NMR で観測できない原子がどういう状態で結合しているのかを考えること．酸素があまったら，アルコールかエーテルがあるに違いない．ニトロ基やスルホ基など NMR で見えにくい官能基がある場合は IR や UV のデータが有効になることもある．不飽和結合の個数は NMR からだいたい予想がつくので，不飽和度が予想以上に大きければ環を巻いている可能性がある．

全体構造を導く

ここからがちょっと難しい．部分構造どうしのつなぎ合わせ方は何種類かの可能性があるが，それを HMBC の相関シグナルからつないでゆく．注意すべきは，HMBC の相関シグナルは水素と炭素の2結合 (H–X–C) の関係か3結合 (H–X–X–C) の関係かの区別ができない点だ．また，場合によっては4結合 (H–X–X–X–C) 離れた相関がでる場合もあるし，また当然でてしかるべき2，3結合の相関がまったく見えないこともよくある．そういうときは積算時間を長くしたり，測定パラメータを変えたりしてスペクトルをとりなおす必要があるかもしれない．

HMBC スペクトルの解析で重要なのは，できるだけ思い込みをしないこと．こういう構造だと思い込んでしまい，それでは説明のつかない相関シグナルをなんらかのゴーストピーク（正常な相関シグナル以外の機械的なシグナルやノイズ）と解釈したり，化学シフトの異常を無視したりするのはたいへん危険である．すべての化学シフト位置，カップリング，相関シグナルには必ず合理的な意味があるはずだ．できるだけすべてを説明できるような構造を虚心坦懐に考えることが肝要である．

HMQC や HMBC スペクトルの解析には水素の化学シフトを横軸，炭素の化学シフトを縦軸にとったマトリクスをつくると考えやすい．相関シグナルの位置をそれぞれの交点にマークした表をつくり，導きだした構造で矛盾がでないかをチェックする．

立体化学の決定

平面構造が決まったら，最後に立体化学の決定を行う．まず考慮すべきは，^{1}H NMR の結合定数（J 値）の利用だ．結合している水素のあいだ

にカップリングがみられれば，その J 値から二重結合のシス - トランスや，シクロヘキサンのアキシアル - エクアトリアルなど環上の水素の立体的位置関係を求めることができる．

それ以外はNOE情報にたよらなければならない．ただしNOEデータの解釈は微妙なケースも多く，はっきりしない場合は分子模型を組んだり，あるいは計算化学的手法で構造最適化を行ったりした結果を総合的に考え合わせる必要がある．

絶対配置の決定は本書の範囲を越えるが，CD（Circular Dichroism, 円偏光二色性）スペクトル，ORD（Optical Rotational Dispersion, 旋光分散）スペクトルの利用や，各種キラル試薬による誘導体のNMRデータによる経験的な手法を用いる．詳細は成書を参照してほしい．

ケーススタディ——フェルラ酸の構造決定

実際のチャートを見ながら，主としてNMRの各手法を組み合わせた構造決定をやってみよう．

まず基本になる分子式の決定．これはマススペクトルに頼らなければならない．マススペクトルで m/z 194に強いピークがあり，高分解能質量分析から組成式が $C_{10}H_{10}O_4$ とわかった．不飽和度は6である．

$$10 - 10/2 + 1 = 6$$

マススペクトルの最大質量ピークが分子イオンとは限らないが，^{13}C NMRスペクトルをみると炭素のシグナルが10本みられること，^1H NMRスペクトルの積分値が高磁場側から3：1：1：1：1：1の8H分であり，IRスペクトルの $3450\,cm^{-1}$ 付近にOHの吸収がみられることから，^1H NMRではこのOHプロトンが見えていない可能性があることを勘案すると，分子式は $C_{10}H_{10}O_4$ であり，おそらくOHを2個もつと予想される．

不飽和度が6と大きいこと，^1H NMRで δ 7前後にベンゼン環プロトンらしいシグナルがあること，^{13}C NMRにもやはり δ 110～150あたりにベンゼン環炭素のシグナルがみられることから，ベンゼン環骨格をもつ芳香族化合物であることがわかる．

^1H NMRをみると，$J = 16.0\,Hz$ という大きな結合定数でカップリングした一対の二重線がオレフィンプロトン領域である δ 6.30と δ 7.59にみられることから，トランス配置の二置換オレフィンがあることがわかる．

ベンゼン環の置換様式は，^1H NMRのベンゼン環水素が3個分であり，δ 6.80 (1H, d, $J = 8.1\,Hz$), 7.05 (1H, dd, $J = 8.1, 1.7\,Hz$), 7.16 (1H, d,

$J = 1.7\,\mathrm{Hz}$)というカップリングパターンから,8.1 Hz がオルト水素どうし,1.7 Hz がメタ水素どうしのカップリングと考えられることから,1,2,4-三置換ベンゼンであることがわかる.これらの水素どうしのカップリングは COSY の相関シグナルのあらわれ方と矛盾しない.

また,^{13}C NMR の δ 169.0 にカルボニル炭素がみられ,その化学シフトからおそらくカルボン酸かエステルと予想される.これは IR スペクトルの 1650~1700 cm^{-1} にカルボニルの吸収があることからも支持される.^{1}H NMR の δ 3.88 の 3H 分の単一線はメチル基のシグナルと考えられ,低磁場に現れていることから,メトキシ(OCH$_3$)と予想される.

以上のことから,部分構造として次の 6 個の構造単位から構成されていることがわかった.原子数をカウントすると C$_{10}$H$_{10}$O$_4$ となり,過不足がないことがわかる.この段階でわかっている水素および炭素のシグナルの帰属も書き込んでみる.水素と炭素が直接結合している場合は HSQC あるいは HMQC での相関シグナルをみればよい.

次にこれらのユニットどうしのつなぎあわせにとりかかろう.(a)~(i)を矛盾なくつないでいけばよい.それには HMBC スペクトルが威力を発揮する.

まず,2 個のオレフィン水素 δ 6.30 と δ 7.59 からの相関シグナルをみると,どちらの水素も δ 169.0 のカルボニル炭素とのあいだに相関がみられることがわかる.これはすなわちこの二重結合とカルボニル炭素が結合していることを示している.共役カルボニルの場合,カルボニルの共鳴効果によって α 位よりも β 位の電子密度下がるため (p.57),より低磁場側の δ 7.59 が β 位,高磁場側の δ 6.30 が α 位であることが予想される.すなわち (d) と (f) が結合している.一方,δ 6.30 のオレフィン水素は δ 126.4 のベンゼン環内四級炭素と相関シグナルを与え,δ 7.59 のオレフィン水素は,ベンゼン環のメチン炭素 δ 110.3,122.6 と相関シグナルを与えている.通常,HMBC 相関シグナルで検出される遠隔 J_{CH} の値は $^3J_{CH} > {}^2J_{CH}$ であり,2 結合を介した H–C–C よりも 3 結合を介した H–C–C–C の関係のほうが強い相関シグナルを与えることを考慮すると,これら 3 個の相関シグナルは δ 126.4 のベンゼ

ン環炭素と二重結合が結合していることによるいずれも $^3J_{CH}$ であると考えると説明がつく．すなわち(e)と(c)が結合していることになる．ここまでの HMBC 相関シグナルをまとめると次のようになる．

次に，δ 3.88 のメトキシ水素からの相関をみると，ベンゼン環炭素である δ 147.9 の炭素とのみ相関シグナルを与えている．メトキシ水素からは酸素を介して結合部位の炭素までが 3 結合の関係になるので，δ 147.9 の炭素が結合位置にほかならない．もし δ 169.0 のカルボニルの炭素がメチルエステルの一部であるとすれば，メトキシ水素とカルボニル炭素のあいだに相関シグナルを与えるはずであるが，メトキシ基はベンゼン環上にあるから，δ 169.0 はカルボキシ基であり，この化合物は 3 位と 4 位のどちらかにヒドロキシ基とメトキシ基が置換したケイ皮酸誘導体であることがわかる．

ではこの二種の構造のどちらが正しいかはどうやって決められるだろうか．それには δ 147.9 の炭素がほかのどの水素と相関シグナルを与えているかをみればよい．δ 147.9 の炭素と相関があるのは，δ 6.80 の水素のみであることがわかる．この水素はカップリングパターンからベンゼン環の 5 位水素であることがわかっているので，δ 147.9 の炭素との関係は次のようになる．

一見，どちらの関係も2結合と3結合になるので可能であるようにみえる．確かに厳密には HMBC スペクトルからはこの両者を区別することはできない．しかし，ほかのベンゼン環水素と炭素の相関シグナルをよく調べてみると，2位の水素 δ 7.16 は6位のメチン炭素 δ 122.6 と残りのヒドロキシ基の根元と帰属される δ 149.1 の炭素に，6位水素 δ 7.05 は2位の炭素 δ 110.3 と同じ δ 149.1 の炭素に相関がみられる．これらがすべて3結合を介した相関シグナルだとすると，ヒドロキシ基の根元の δ 149.1 は4位炭素に無理なく帰属できる．もしこのヒドロキシ基の根元が3位であれば，2位水素との関係は2結合だから許容範囲だが，6位水素との関係は通常相関がみられないはずの4結合になってしまう．一方，δ 6.80 の5位水素はメトキシ基の根元の δ 147.9 の炭素のほかに δ 126.4 の二重結合の根元の1位炭素とも相関シグナルを与えている，これはやはり3結合の関係である．すなわち，ベンゼン環上の2位，5位，6位のいずれの水素もそれぞれメタ位に相当する3結合離れたベンゼン環内の2個の炭素とのみ HMBC 相関シグナルを与えていることが容易にわかる．そのことを考慮すると，メトキシ基の位置は3位であると解釈するのが最も妥当である．

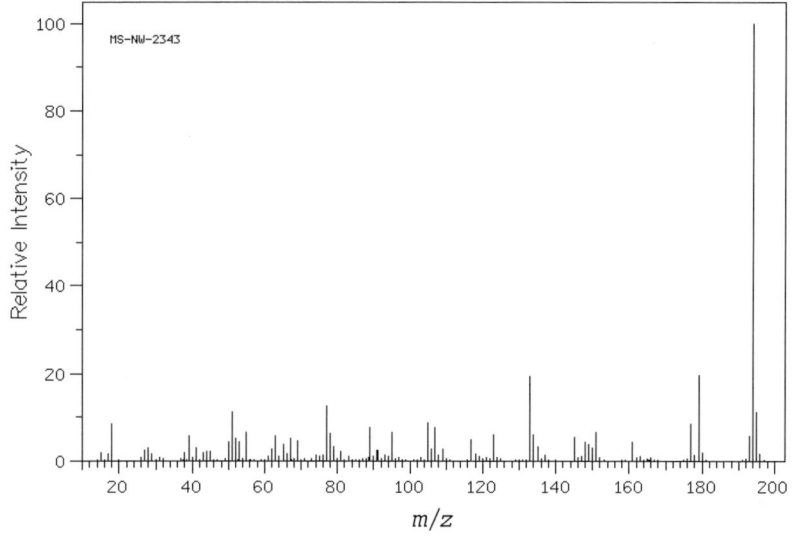

チャート1 MS
独立行政法人産業技術総合研究所 SDBS より許可を得て転載.

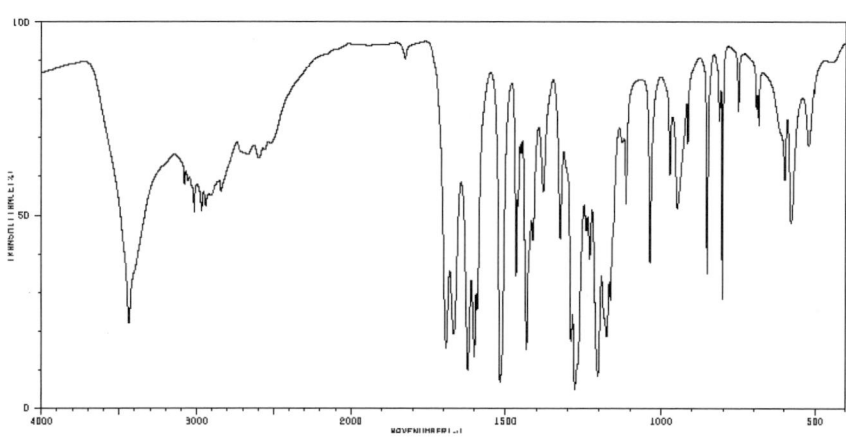

チャート2 IR
独立行政法人産業技術総合研究所 SDBS より許可を得て転載.

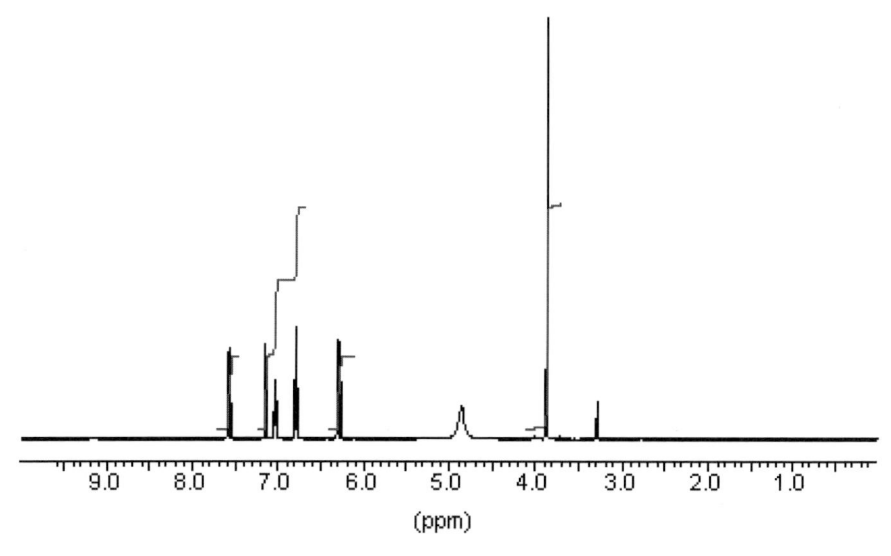

チャート3
^{1}H NMR
(500 MHz)

チャート4 ¹H NMR (500 MHz) 拡大

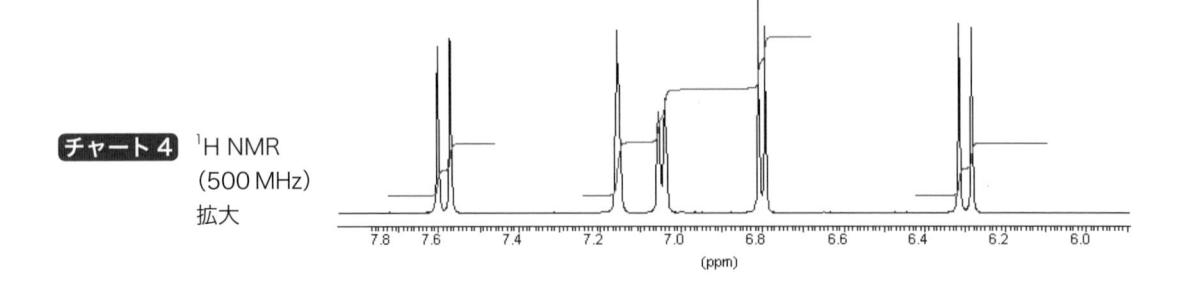

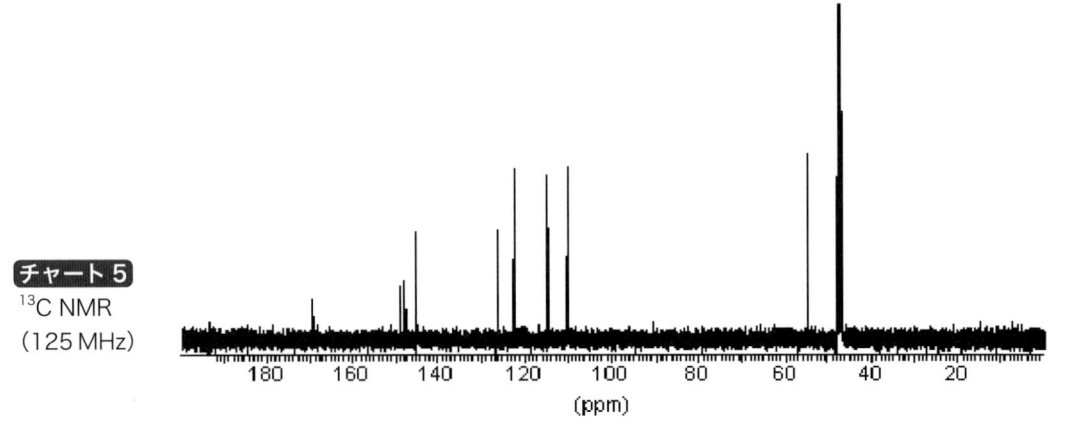

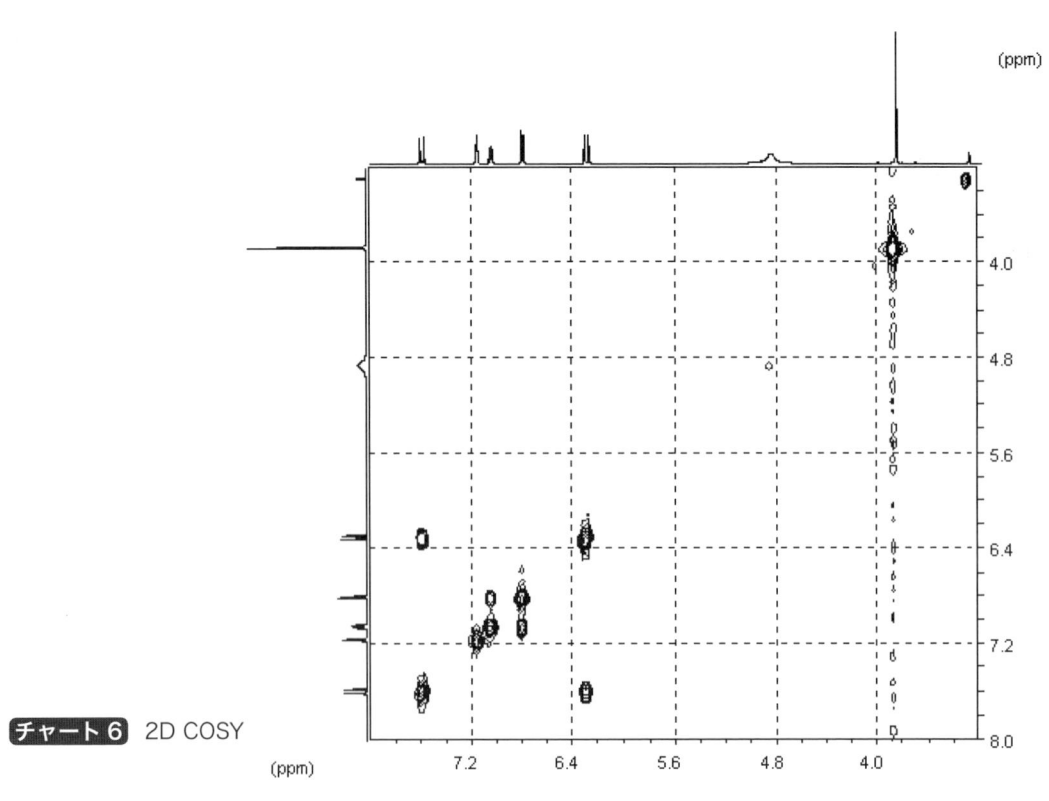

チャート5 ¹³C NMR (125 MHz)

チャート6 2D COSY

チャート7 2D HSQC

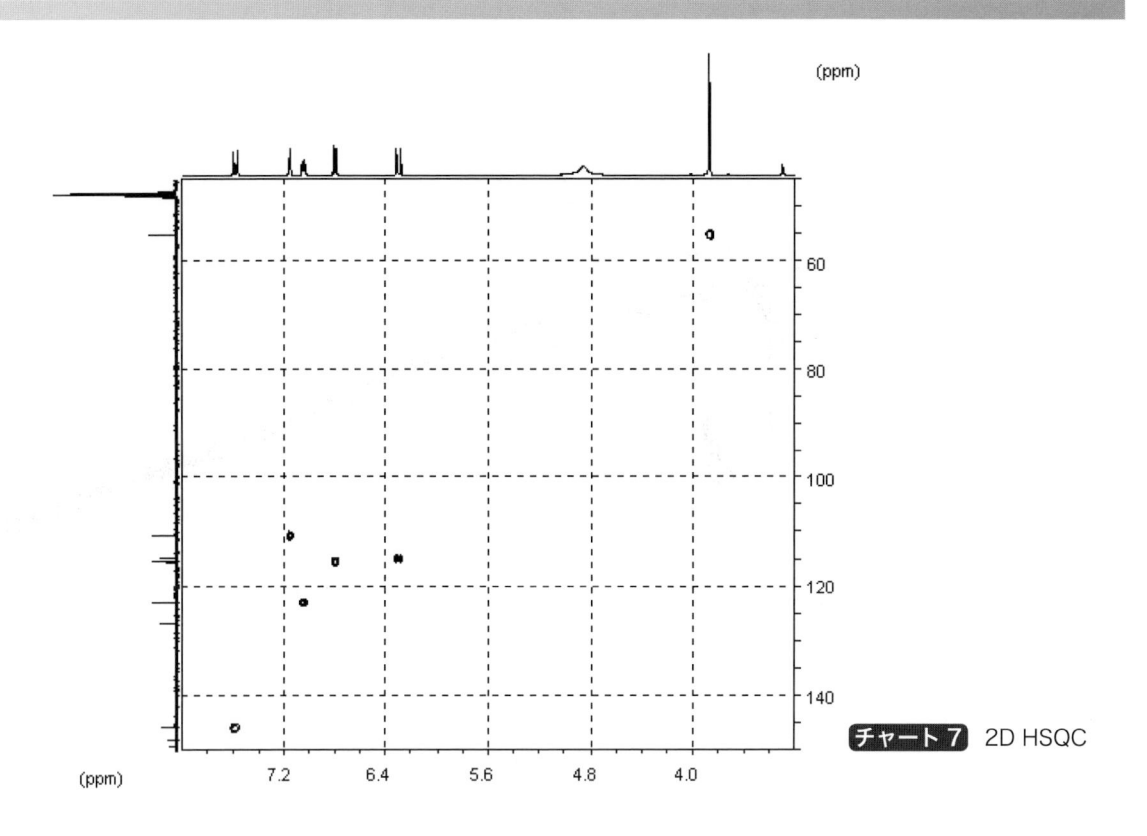

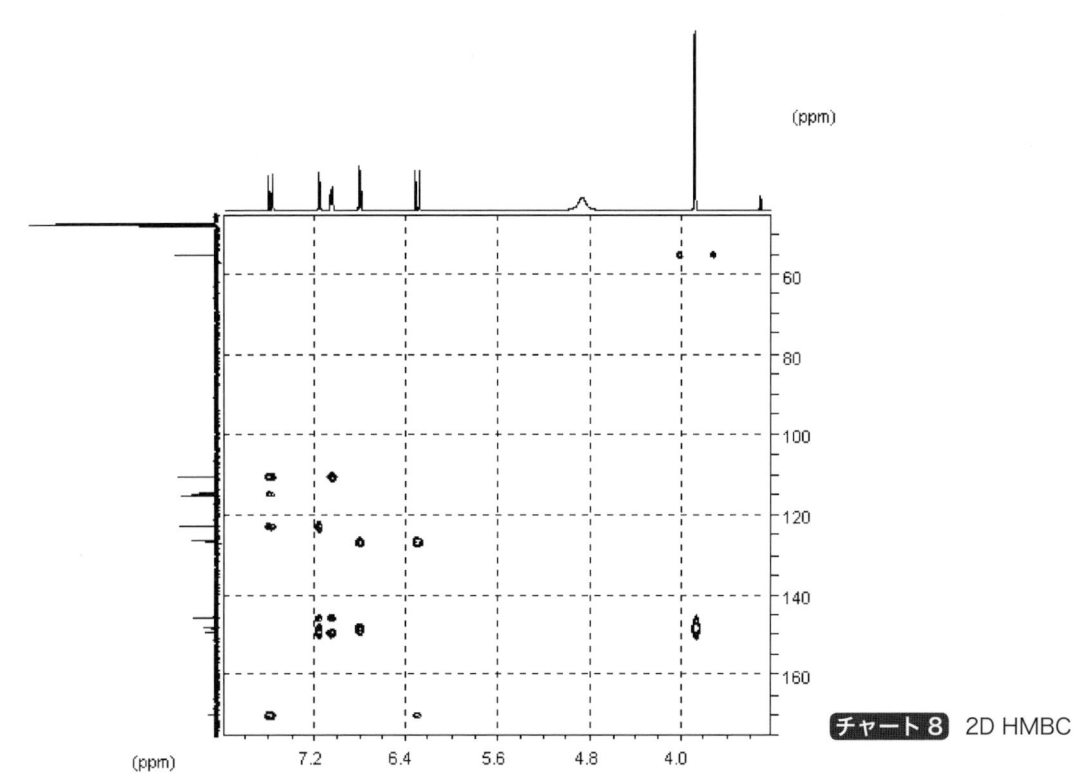

チャート8 2D HMBC

チャート9 2D HMBC
拡大

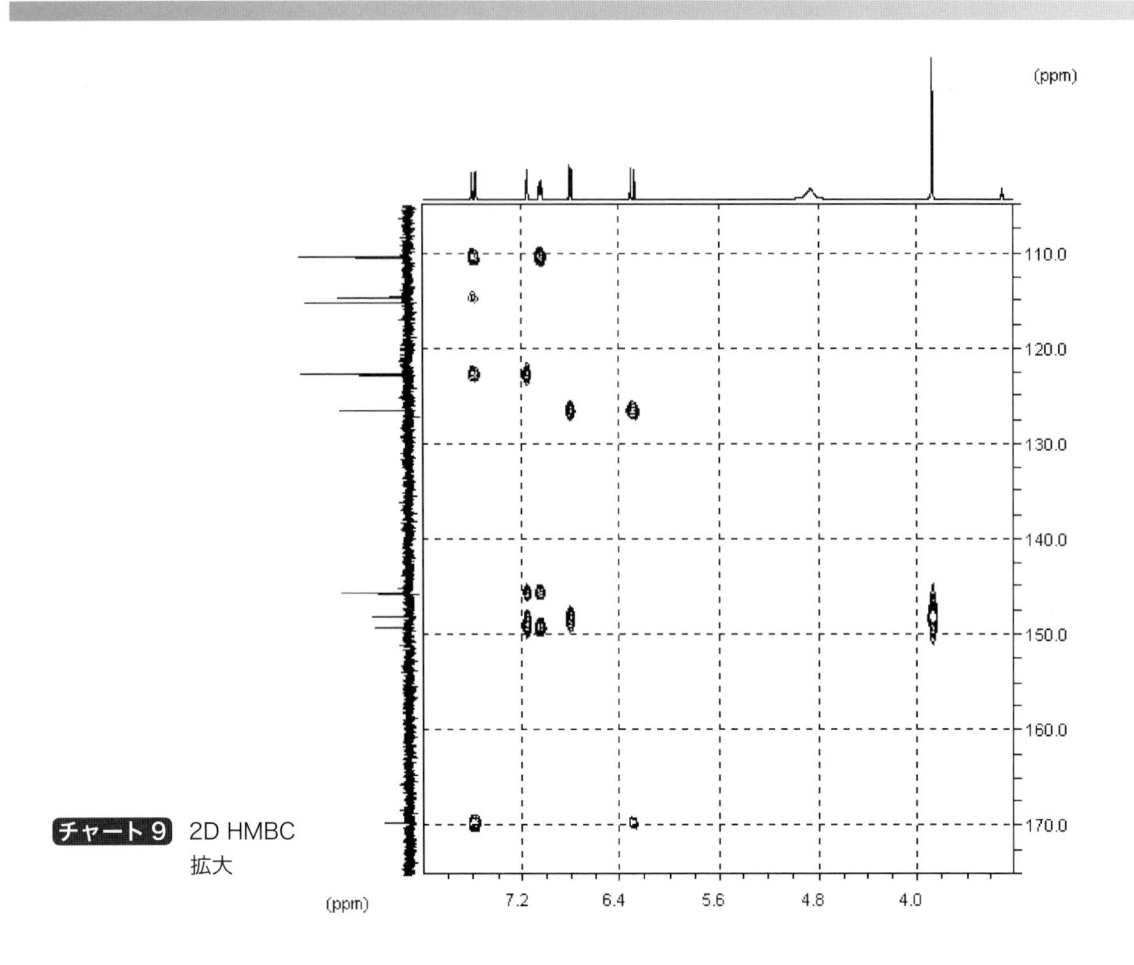

Q 問題

問題の解答は著者のwebページ(http://junkchem.sakura.ne.jp/)をご覧ください．

問1 次の語句について簡単に説明しなさい．
(a) FAB法(MS)
(b) 基準ピーク(MS)
(c) McLafferty転位(MS)
(d) FID (NMR)
(e) δ値(NMR)
(f) テトラメチルシラン(NMR)
(g) 脱遮蔽(NMR)
(h) 結合定数(NMR)
(i) DEPT法(NMR)
(j) 指紋領域(IR)

問2 ある未知物質 **A** (C_9H_9BrO，分子量213)の機器分析結果について以下の問いに答えなさい．
1. **A**のマススペクトルの特徴的なパターンはどのような部分構造を示唆しているか，理由とともに示しなさい．
2. ^1H NMRスペクトルの高磁場側の三重線と四重線のシグナルからどのような部分構造が示唆されるか，理由とともに示しなさい．
3. **A**の不飽和度が5と大きいことと，^1H NMRスペクトルでδ 7.5～8.0に4H分のシグナルがみられることから，どのような部分構造が推定されるか，理由とともに示しなさい．
4. IRおよびUVスペクトルから共役カルボニルの存在が示唆された．**A**の全構造を記しなさい．

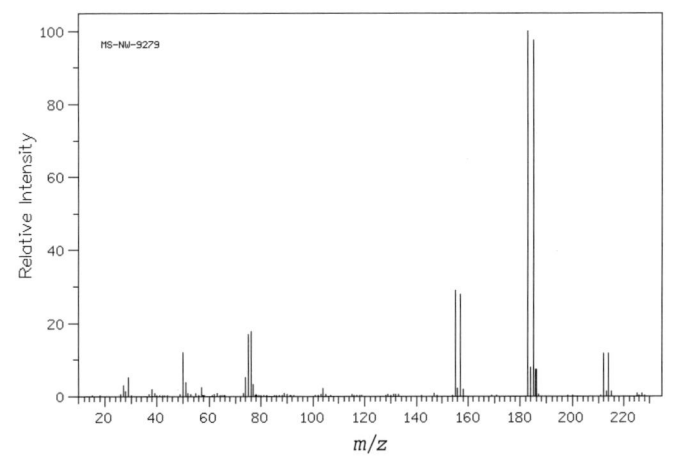

物質 A MS
独立行政法人産業技術総合研究所 SDBS より許可を得て転載．

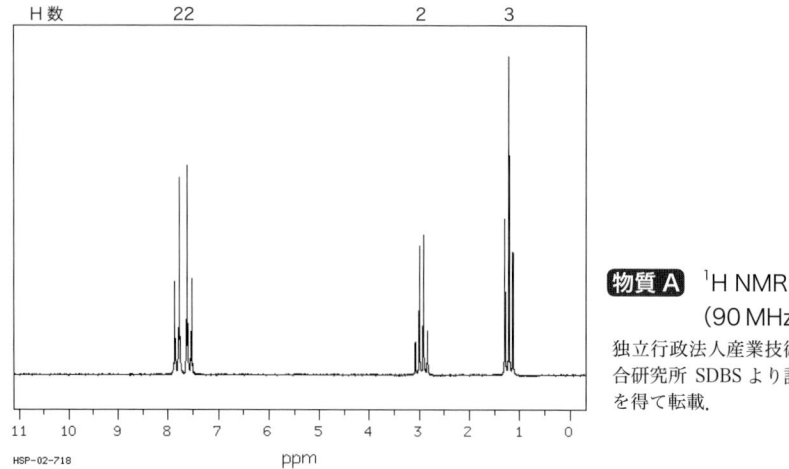

物質A ¹H NMR (90 MHz)
独立行政法人産業技術総合研究所 SDBS より許可を得て転載.

問3 ある未知物質**B**の機器分析結果について以下の問いに答えなさい.

1. 高分解能マススペクトルにより**B**の分子式は $C_{10}H_{12}O_2$（分子量164）とわかった．高分解能測定で分子式が求まる理由を説明しなさい．

2. ¹H NMRスペクトルの δ 1.0の三重線，δ 1.8の六重線，δ 4.3の三重線のシグナルはこの順にカップリングしていることがわかった．どのような部分構造が示唆されるか，理由とともに示しなさい．

3. **B**は10個の炭素をもつにもかかわらず，¹³C NMRスペクトルでは8本しかピークがあらわれていないのはなぜか，理由を説明しなさい．

4. **B**を加水分解するとアルコールとカルボン酸が得られた．マススペクトルで m/z 105 に強いフラグメントイオンが観測されることに注意して**B**の全構造を記しなさい．

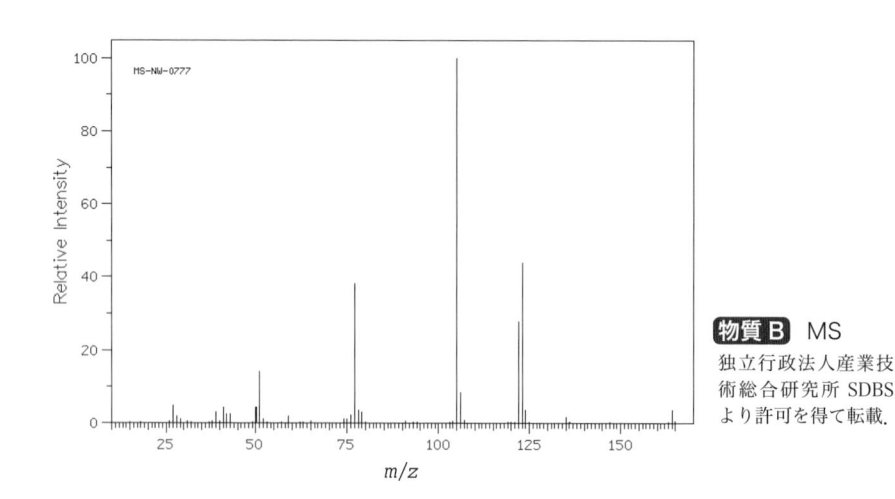

物質B MS
独立行政法人産業技術総合研究所 SDBS より許可を得て転載.

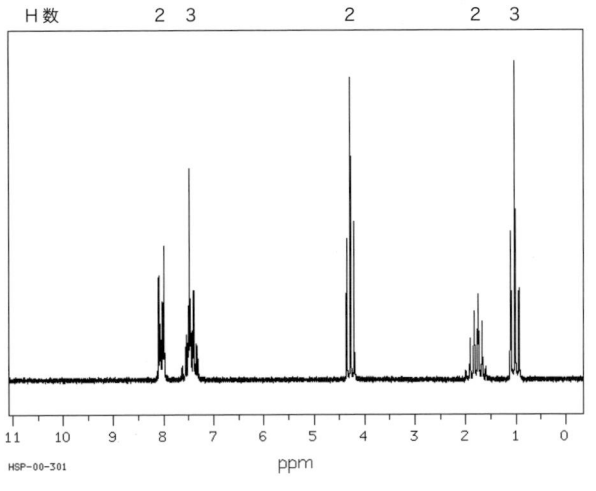

物質B ¹H NMR
(90 MHz)

独立行政法人産業技術総合研究所 SDBS より許可を得て転載.

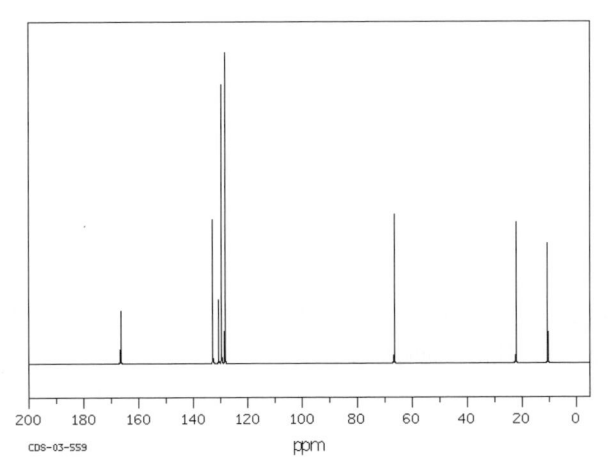

物質B ¹³C NMR
(25 MHz)

独立行政法人産業技術総合研究所 SDBS より許可を得て転載.

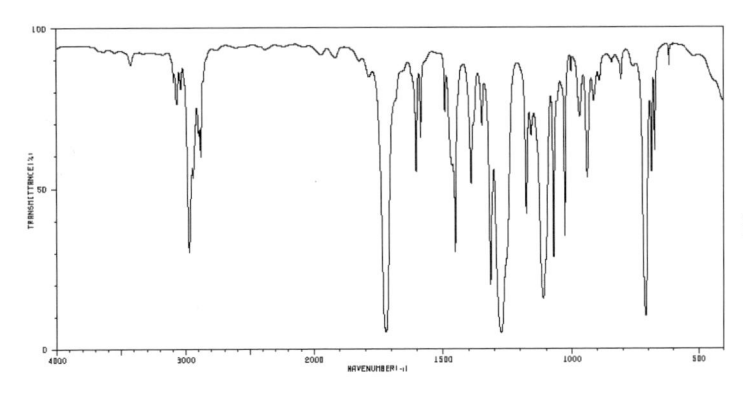

物質B IR

独立行政法人産業技術総合研究所 SDBS より許可を得て転載.

問4 炭素，水素，酸素からなる未知物質 **C** および **D** の機器分析結果について以下の問いに答えなさい．

1. **C** の分子量は 150.2176 である．高分解能質量分析では，分子イオンに対し *m/z* 150.1045 の値が得られた．この数値のずれの理由を述べなさい．

2. **C** はフェノール性化合物であり，^{1}H NMR スペクトルから水素を 14 個をもつことがわかる．δ 7.0 付近の 4H 分のシグナルから予想される部分構造以外に不飽和箇所はない．**C** の分子式を求め，導いた論拠を記しなさい．

3. **C** の ^{1}H NMR スペクトルの δ 0.5 〜 3.0 のシグナルは，高磁場側から順に三重線，二重線，五重線，六重線である．このように ^{1}H NMR スペクトルでシグナルの分裂が起こる理由を記しなさい．

4. **C** の ^{1}H NMR スペクトルの δ 0.5 〜 3.0 のシグナルから，どのようなアルキル置換基の存在が示唆されるか記しなさい．

5. **C** の ^{13}C NMR スペクトルにおいてフェノール性ヒドロキシ基のつけ根の炭素のシグナルはどれか，理由とともに示しなさい．

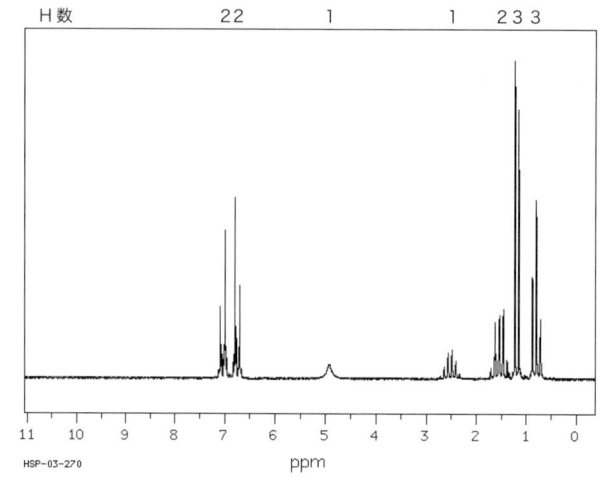

物質 C ^{1}H NMR (90 MHz)
独立行政法人産業技術総合研究所 SDBS より許可を得て転載．

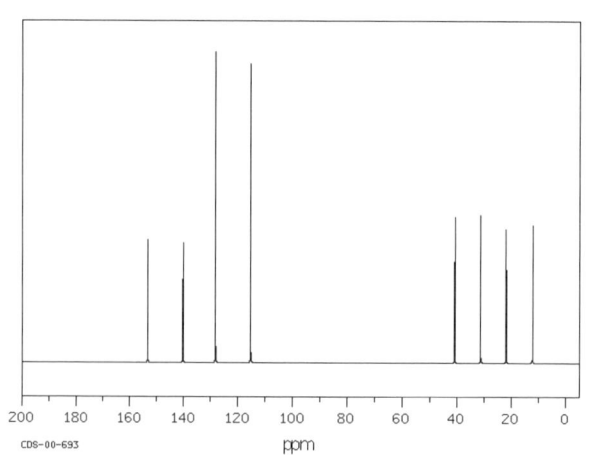

物質 C ^{13}C NMR (25 MHz)
独立行政法人産業技術総合研究所 SDBS より許可を得て転載．

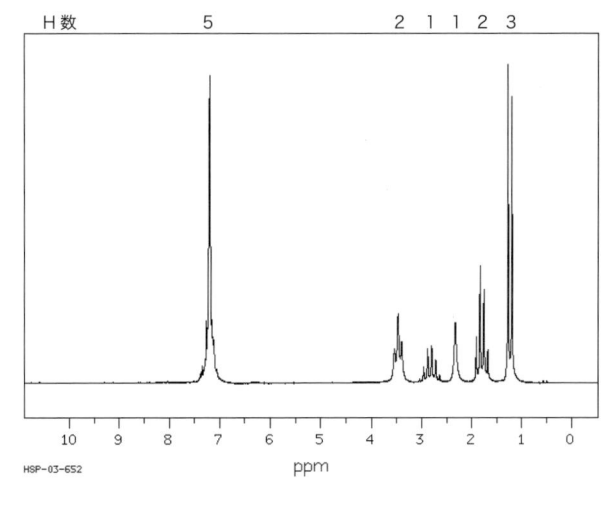

物質D ¹H NMR (90 MHz)
独立行政法人産業技術総合研究所 SDBS より許可を得て転載．

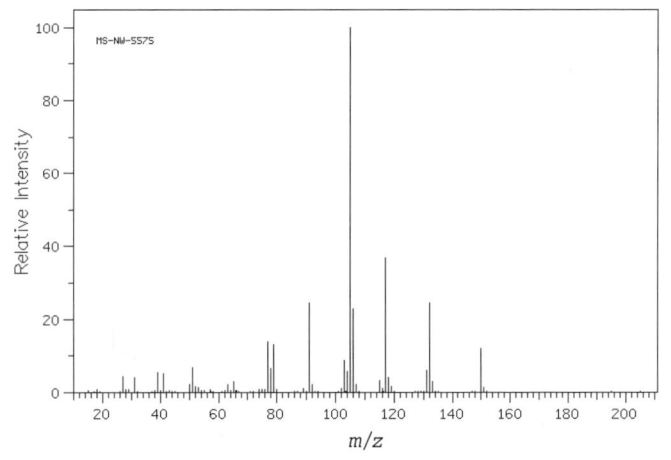

H数 5　　　2 1 1 2 3

物質D MS
独立行政法人産業技術総合研究所 SDBS より許可を得て転載．

6. **D**は中性物質であり，**C**の異性体に相当する．マススペクトルのフラグメントイオンに留意して**D**の全構造を記しなさい．

問5 炭素，水素，酸素からなる異性体**E**～**G**の機器分析結果について以下の問いに答えなさい．

1. **E**は分子量150のアルコールである．マススペクトル（EI法）ではm/z 150にシグナルが見られないのはなぜか．また，こういう場合，分子イオンを検出するにはどうすればよいか．
2. **E**の構造を，導いた論拠とともに記しなさい．また，¹H NMRスペクトルの2個のメチル基（δ 0.7およびδ 1.5）のピークの形状が大きく異なっている理由を説明しなさい．
3. **F**の構造を，導いた論拠とともに記しなさい．
4. **F**のマススペクトルのm/z 92のイオンは有名な転位反応で生成する．その機構を記しなさい．
5. **G**の構造を，導いた論拠とともに記しなさい．
6. **G**の¹H NMRスペクトルで90 MHzと400 MHzでは見かけのスペクトルパターンが異なってあらわれる理由を記しなさい．

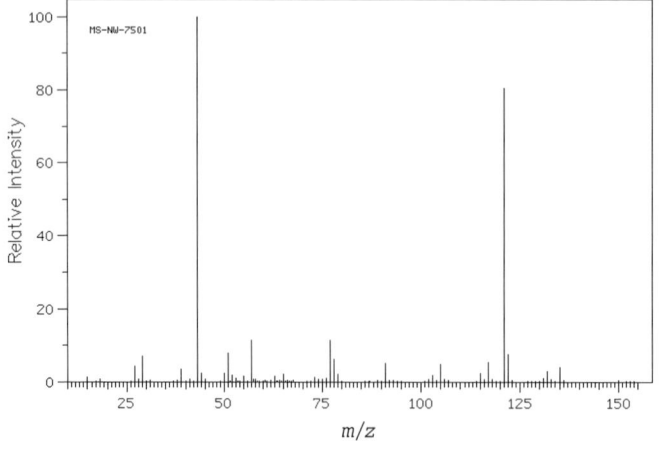

物質E MS
独立行政法人産業技術総合研究所 SDBS より許可を得て転載.

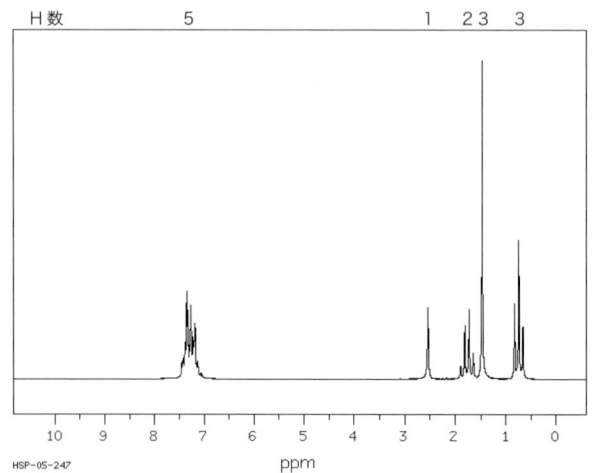

物質E ¹H NMR (90 MHz)
独立行政法人産業技術総合研究所 SDBS より許可を得て転載.

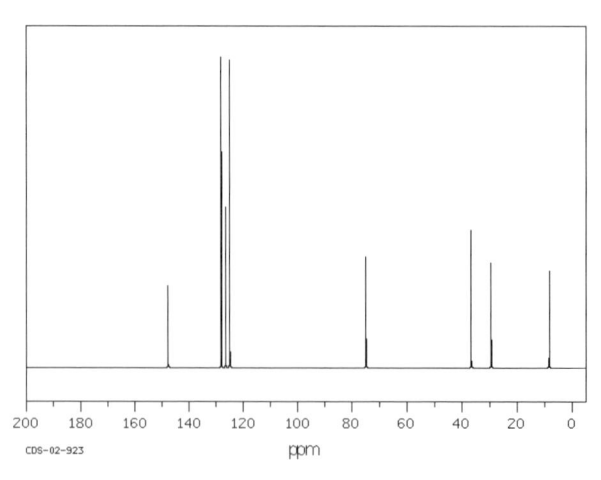

物質E ¹³C NMR (25 MHz)
独立行政法人産業技術総合研究所 SDBS より許可を得て転載.

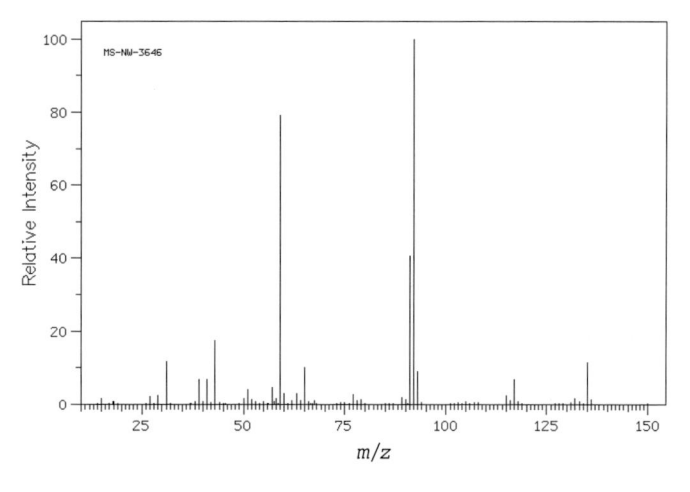

物質 F MS
独立行政法人産業技術総合研究所 SDBS より許可を得て転載.

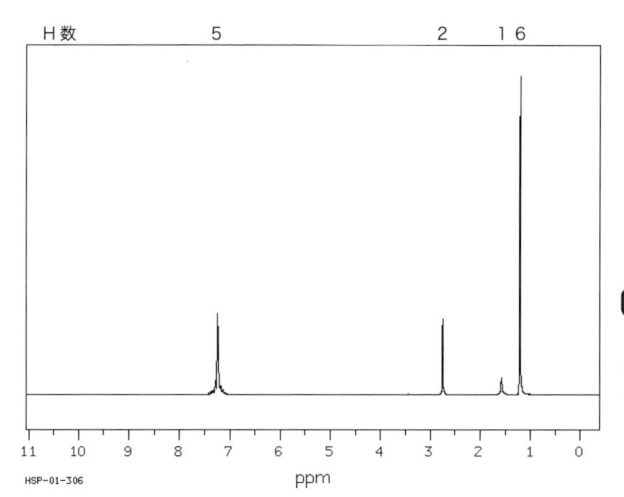

物質 F ¹H NMR (90 MHz)
独立行政法人産業技術総合研究所 SDBS より許可を得て転載.

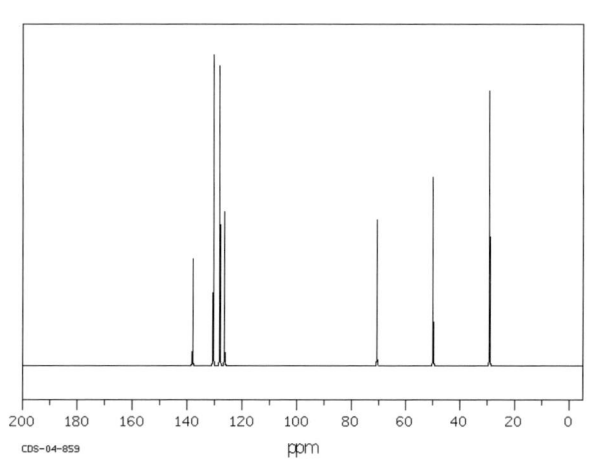

物質 F ¹³C NMR (15 MHz)
独立行政法人産業技術総合研究所 SDBS より許可を得て転載.

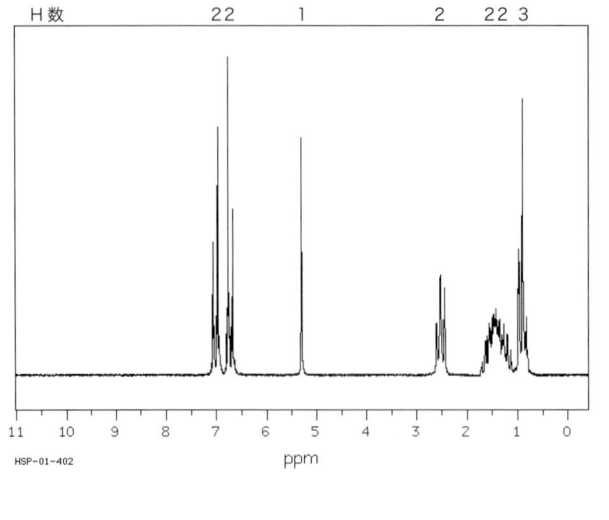

物質 G ¹H NMR
（90 MHz）
独立行政法人産業技術総合研究所 SDBS より許可を得て転載．

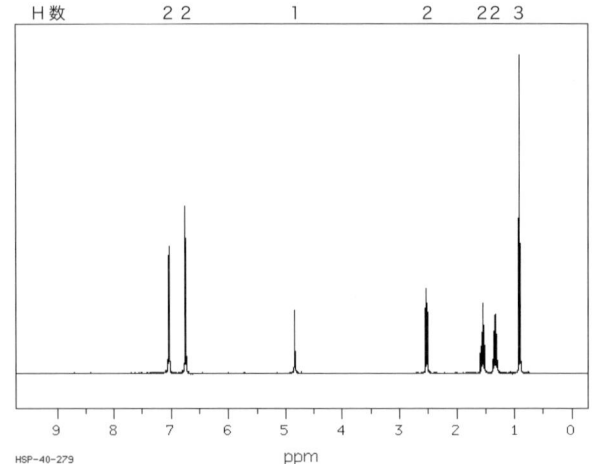

物質 G ¹H NMR
（400 MHz）
独立行政法人産業技術総合研究所 SDBS より許可を得て転載．

問6 化合物 H～K はいずれも $C_6H_{12}O_2$ の分子式をもつ異性体である．以下の問いに答えなさい．

1. H の不飽和度を算出し，どのスペクトルからどのような不飽和箇所の存在が示唆されるかを説明しなさい．
2. H の ¹H NMR スペクトルからどのようなアルキル基の存在が示唆されるかを説明しなさい．
3. H と I はとてもよく似た構造の化合物である．それぞれの構造を記しなさい．
4. H と I のマススペクトルの数値を付したフラグメントイオンの構造を推定しなさい．
5. H と I の各種スペクトルについて，なぜマススペクトルと ¹H NMR スペクトルには明瞭な違いがあらわれるのに，¹³C NMR スペクトルと IR スペクトルでは見かけに大きな違いがあらわれないのかについて考察しなさい．
6. J の構造を，導いた論拠とともに記しなさい．ただし，¹H NMR スペクトルの δ 3.5 は四重線，δ 3.7 は三重線である．
7. 酸性物質 K の構造と導いた論拠を記しなさい．

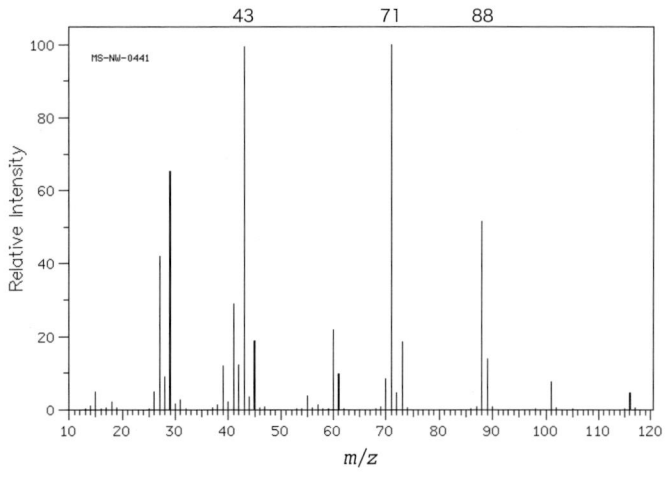

物質 H MS
独立行政法人産業技術総合研究所 SDBS より許可を得て転載.

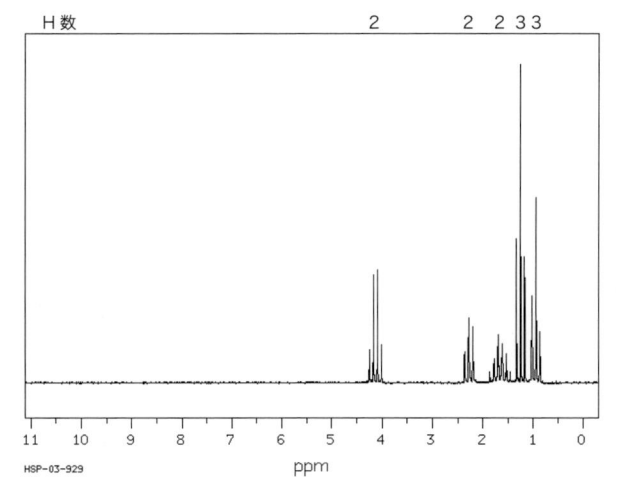

物質 H ^{1}H NMR (90 MHz)
独立行政法人産業技術総合研究所 SDBS より許可を得て転載.

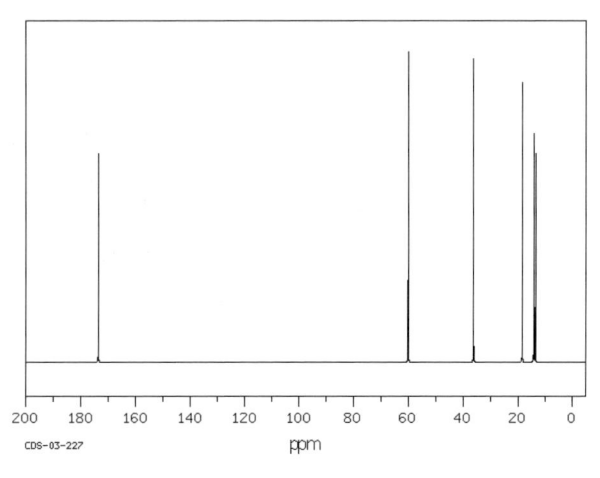

物質 H ^{13}C NMR (25 MHz)
独立行政法人産業技術総合研究所 SDBS より許可を得て転載.

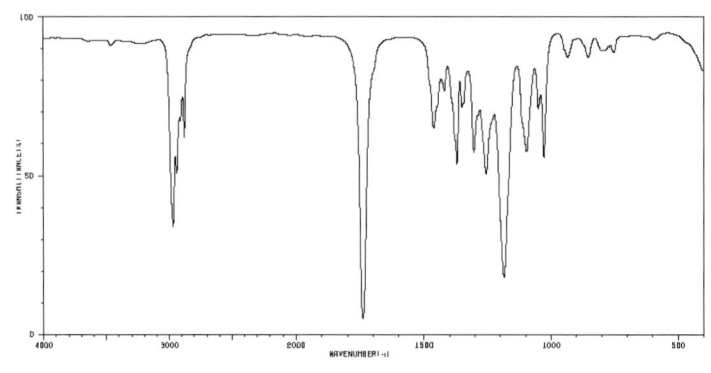

物質 H IR
独立行政法人産業技術総合研究所 SDBS より許可を得て転載.

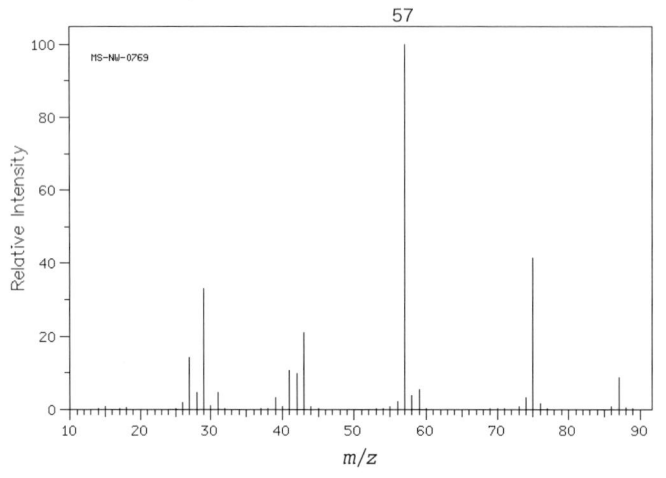

物質 I MS
独立行政法人産業技術総合研究所 SDBS より許可を得て転載.

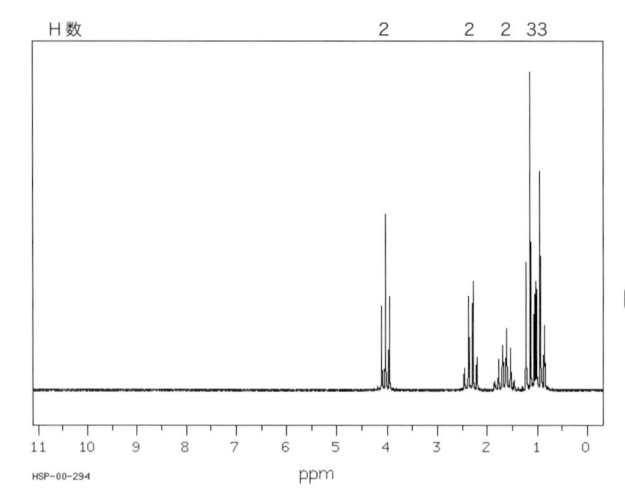

物質 I ^{1}H NMR (90 MHz)
独立行政法人産業技術総合研究所 SDBS より許可を得て転載.

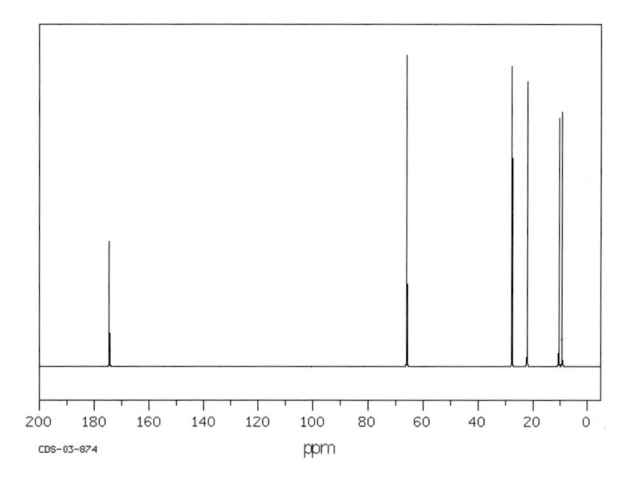

物質 I ¹³C NMR
(25 MHz)

独立行政法人産業技術総合研究所 SDBS より許可を得て転載.

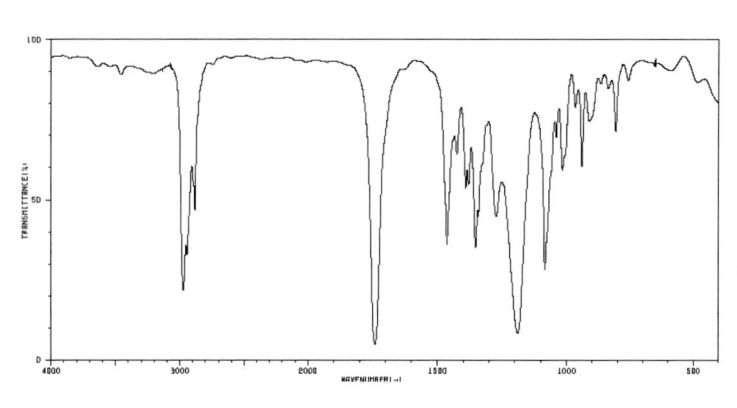

物質 I IR

独立行政法人産業技術総合研究所 SDBS より許可を得て転載.

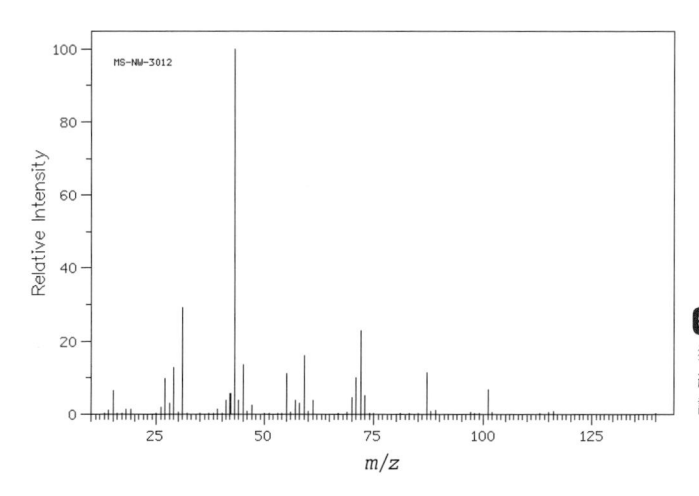

物質 J MS

独立行政法人産業技術総合研究所 SDBS より許可を得て転載.

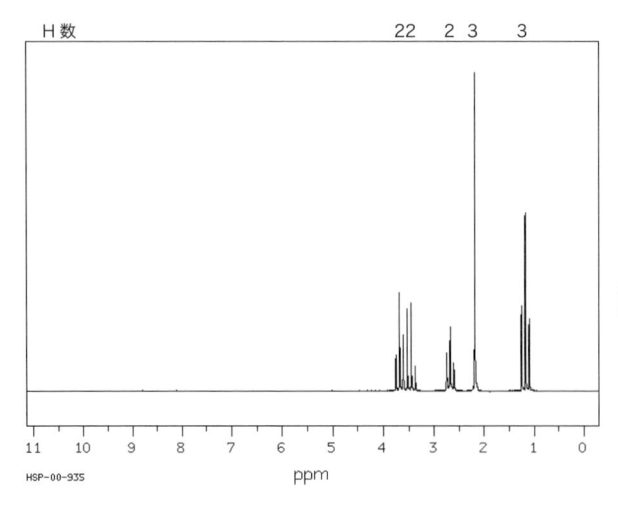

問題

H数　　　　　　　　2 2　2　3　　3

物質 J ¹H NMR
　　　　(90 MHz)

独立行政法人産業技術総合研究所 SDBS より許可を得て転載.

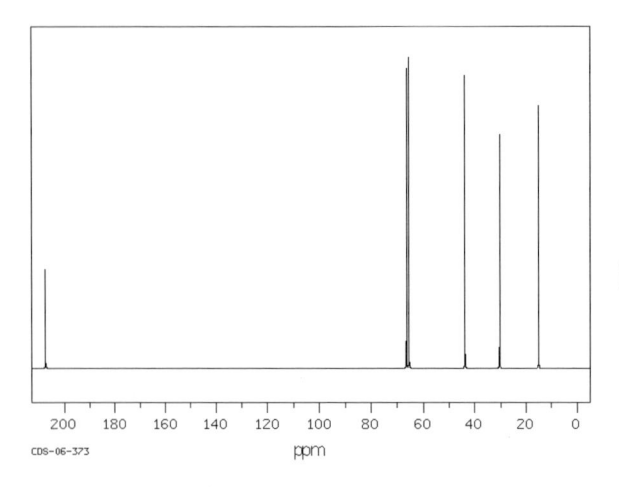

物質 J ¹³C NMR
　　　　(25 MHz)

独立行政法人産業技術総合研究所 SDBS より許可を得て転載.

H数 1　　　　　　　2　9

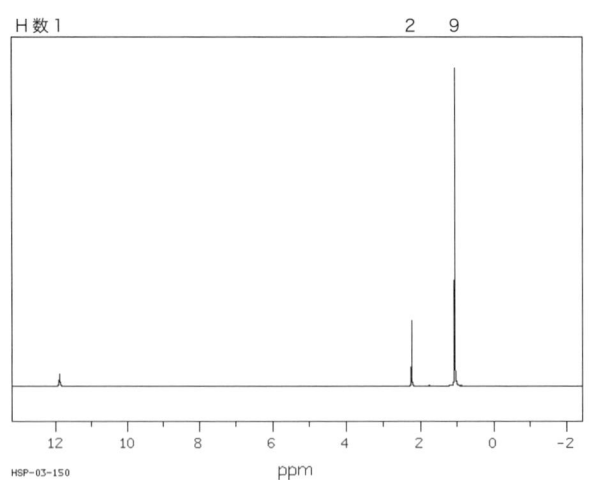

物質 K ¹H NMR
　　　　(90 MHz)

独立行政法人産業技術総合研究所 SDBS より許可を得て転載.

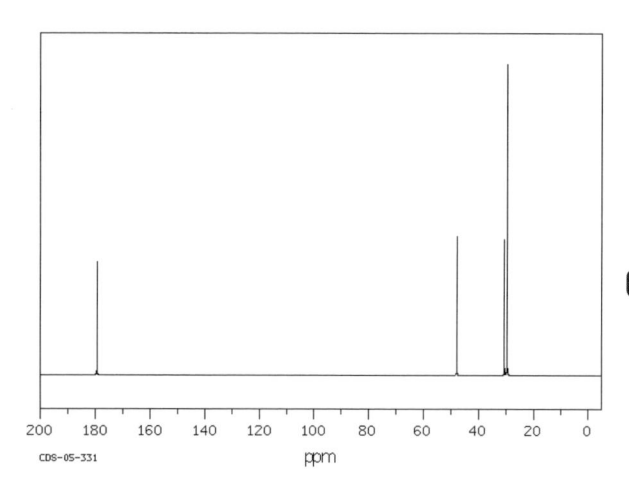

物質K ¹³C NMR (25 MHz)

独立行政法人産業技術総合研究所 SDBS より許可を得て転載.

問7 炭素，水素，酸素，塩素からなる異性体 L，M について以下の問いに答えなさい．

1. 酸素および塩素を含むことはどうしてわかるか，それぞれ説明しなさい．
2. 分子式を求め，導いた論拠を記しなさい．また，不飽和度を求めなさい．
3. ¹H NMR には ¹H どうしのカップリングがあらわれているのに，¹³C NMR には ¹³C どうしのカップリングがあらわれていないのはなぜか．
4. L のマススペクトルの基準ピーク(base peak)の構造を推定しなさい．
5. L と M の構造と導いた論拠を記しなさい(複数の可能性が残る場合はすべて記すこと)．

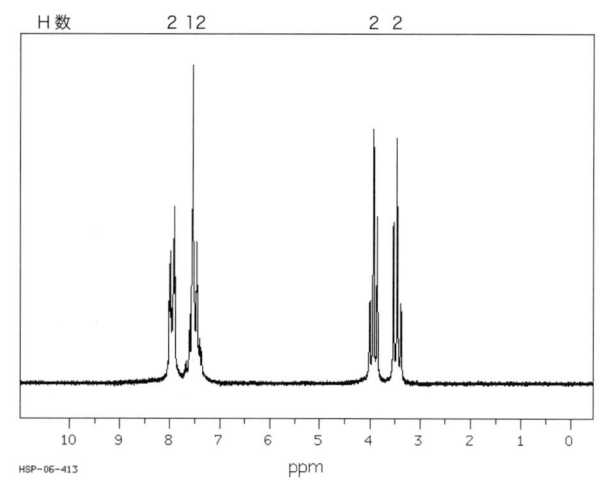

物質L ¹H NMR (90 MHz)

独立行政法人産業技術総合研究所 SDBS より許可を得て転載.

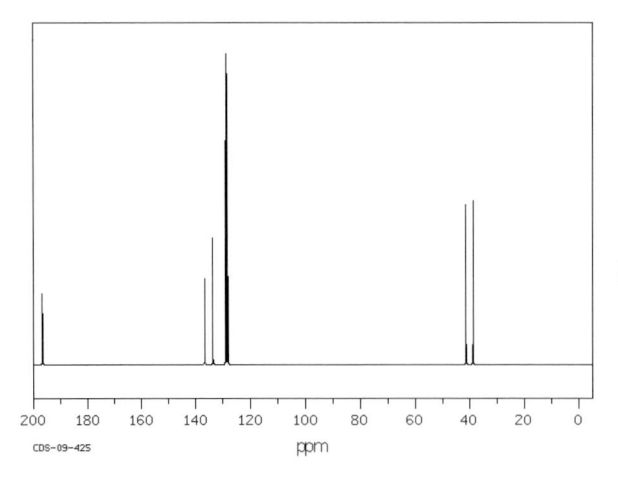

物質 L ¹³C NMR
　　　(22.5 MHz)

独立行政法人産業技術総合研究所 SDBS より許可を得て転載.

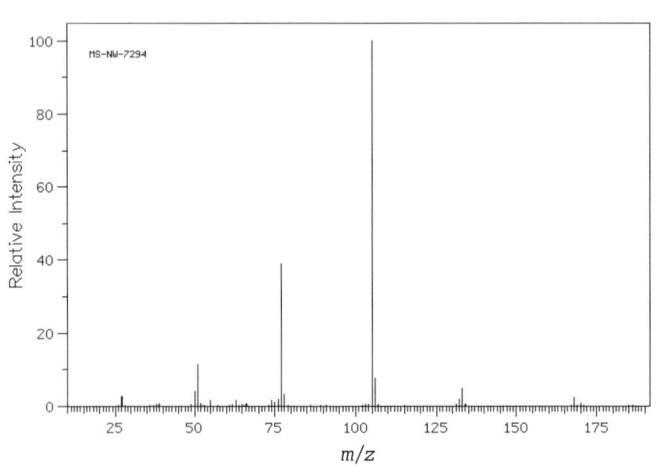

物質 L MS

独立行政法人産業技術総合研究所 SDBS より許可を得て転載.

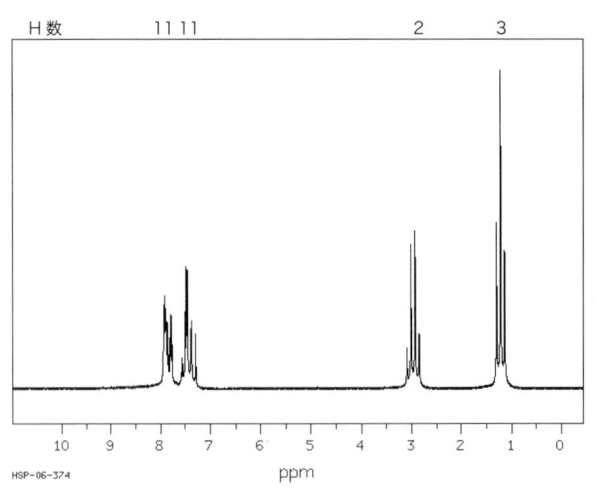

物質 M ¹H NMR
　　　(90 MHz)

独立行政法人産業技術総合研究所 SDBS より許可を得て転載.

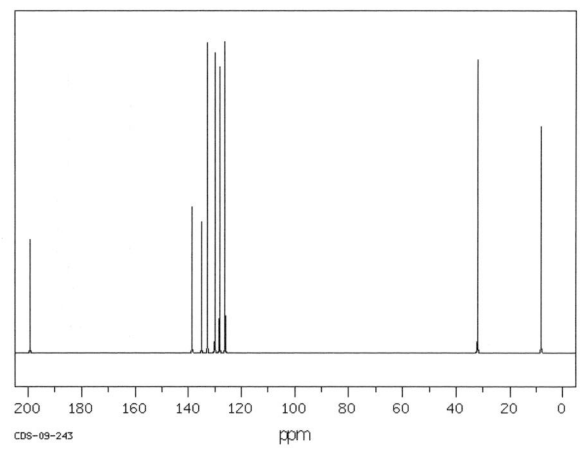

物質 M ^{13}C NMR (22.5 MHz)
独立行政法人産業技術総合研究所 SDBS より許可を得て転載.

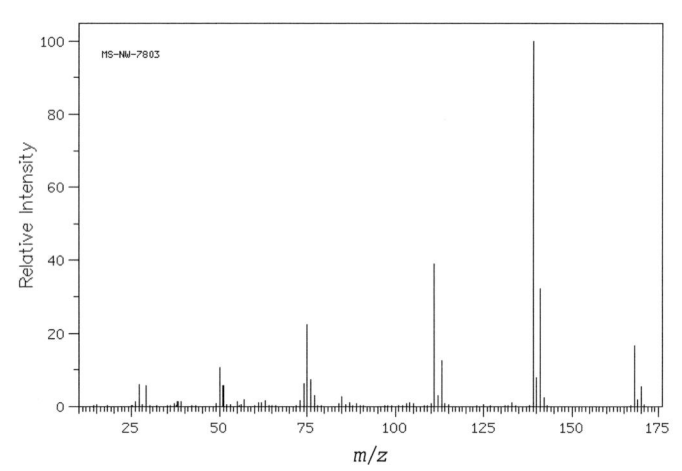

物質 M MS
独立行政法人産業技術総合研究所 SDBS より許可を得て転載.

問8 $C_4H_{10}O$ のアルコール **N** と **O** について以下の問いに答えなさい.

1. ヒドロキシ基プロトンがいずれも単一線であらわれているのはなぜか.
2. **N** のシグナルは高磁場側から,三重線,二重線,五重線,単一線,六重線,**O** は二重線,九重線,単一線,二重線の順である.**N** と **O** の構造と導いた論拠を記しなさい.

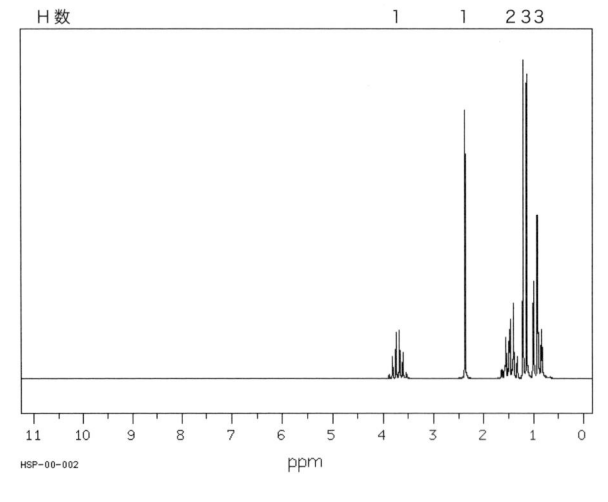

物質N ¹H NMR (90 MHz)
独立行政法人産業技術総合研究所 SDBS より許可を得て転載．

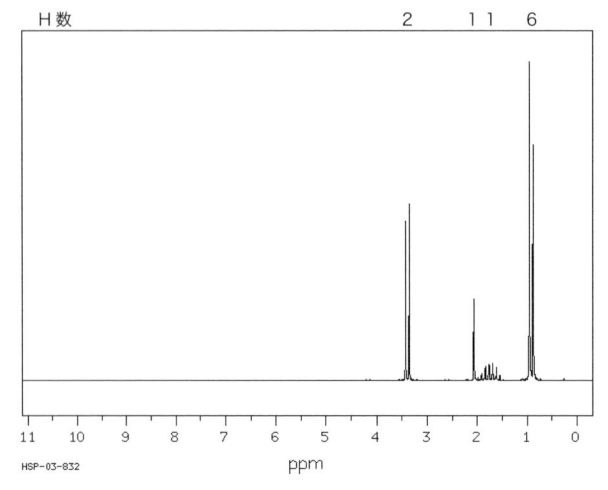

物質O ¹H NMR (90 MHz)
独立行政法人産業技術総合研究所 SDBS より許可を得て転載．

問9 化合物 P について以下の問いに答えなさい．
1. P の IR スペクトルの強い特性吸収からどのような構造単位の存在が示唆されるか．
2. P の ^{13}C NMR のシグナルに水素や炭素とのカップリングがあらわれていないのはなぜか．
3. P の分子式を求め，不飽和度を算出しなさい．
4. P の ¹H NMR シグナルは高磁場側から，二重線，九重線，単一線，二重線，多重線の順である．P の構造と導いた論拠を記しなさい．

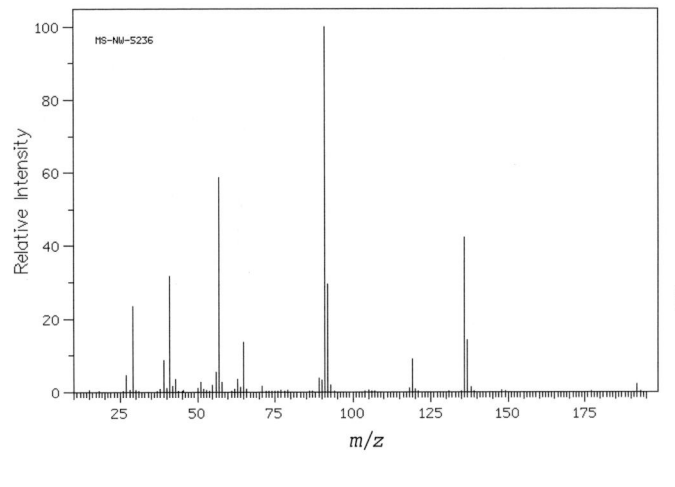

物質P MS
独立行政法人産業技術総合研究所 SDBS より許可を得て転載.

| H数 | 5 | 2 | 2 | 1 | 6 |

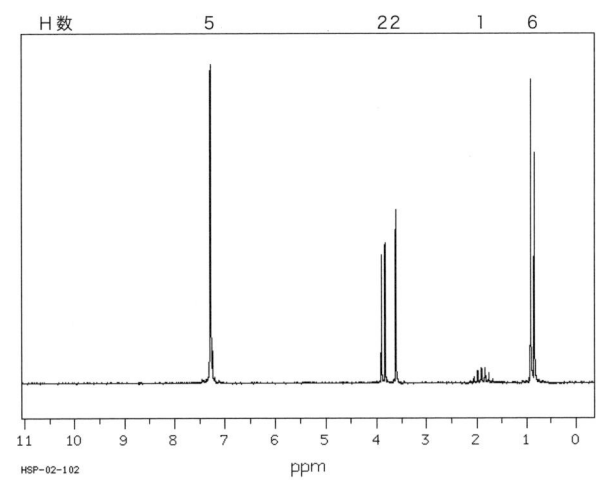

物質P ^{1}H NMR (90 MHz)
独立行政法人産業技術総合研究所 SDBS より許可を得て転載.

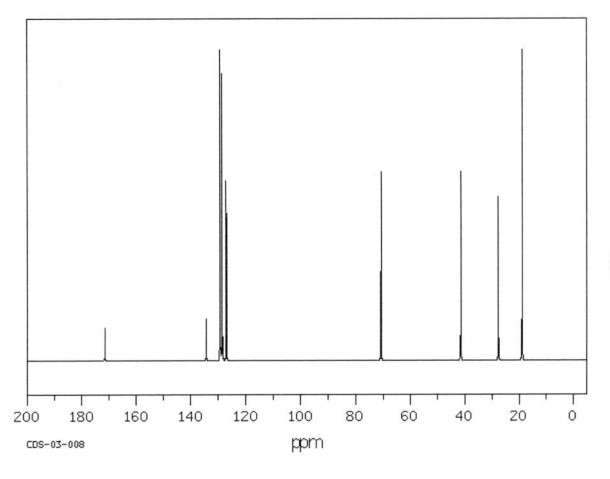

物質P ^{13}C NMR (15 MHz)
独立行政法人産業技術総合研究所 SDBS より許可を得て転載.

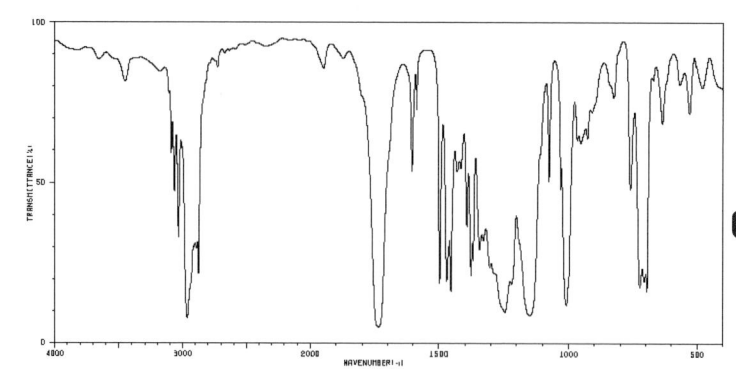

物質P IR
独立行政法人産業技術総合研究所SDBSより許可を得て転載．

問10 化合物 Q〜U について以下の問いに答えなさい．

1. 芳香族化合物 Q はどんなハロゲンを何個含むと考えられるか．
2. 異性体 Q，R，S の構造と導いた論拠を記しなさい．
3. T の ^{1}H NMR シグナルは高磁場側から，二重線，四重線，三重線，六重線の順である．T の構造と導いた論拠を記しなさい．
4. U の構造と導いた論拠を記しなさい．

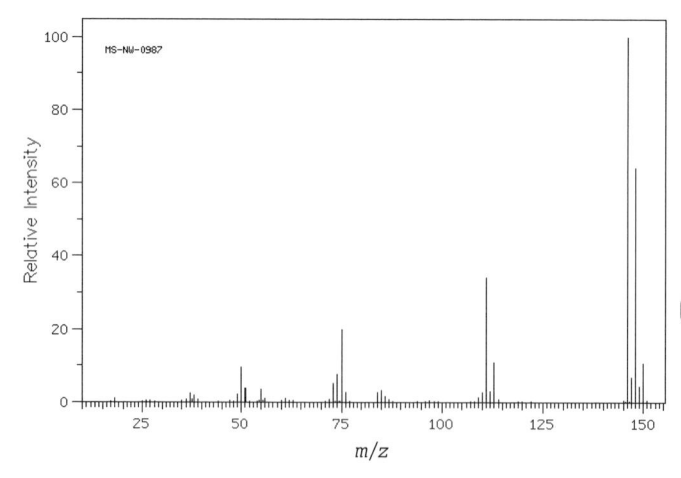

物質Q MS
独立行政法人産業技術総合研究所SDBSより許可を得て転載．

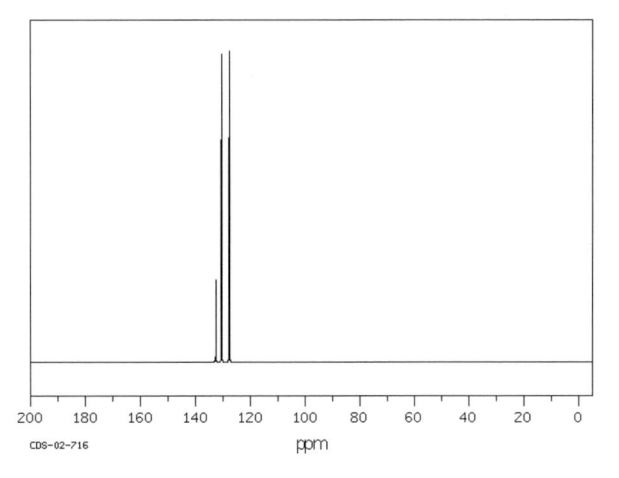

物質 Q ^{13}C NMR (22.5 MHz)

独立行政法人産業技術総合研究所 SDBS より許可を得て転載.

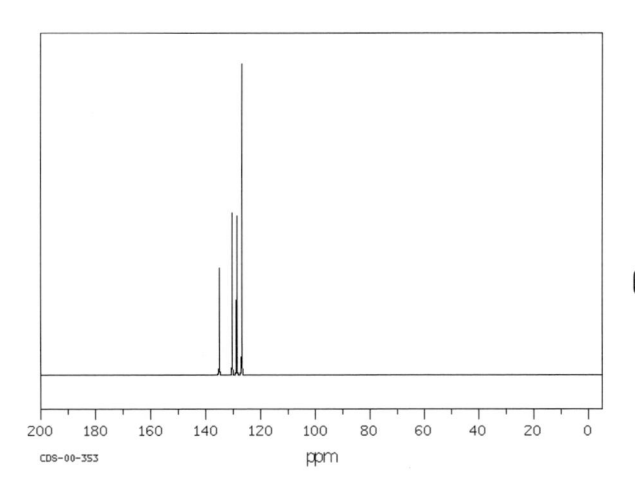

物質 R ^{13}C NMR (15 MHz)

独立行政法人産業技術総合研究所 SDBS より許可を得て転載.

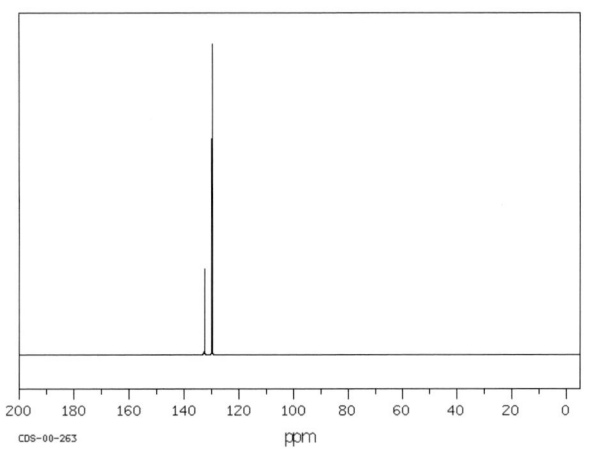

物質 S ^{13}C NMR (25 MHz)

独立行政法人産業技術総合研究所 SDBS より許可を得て転載.

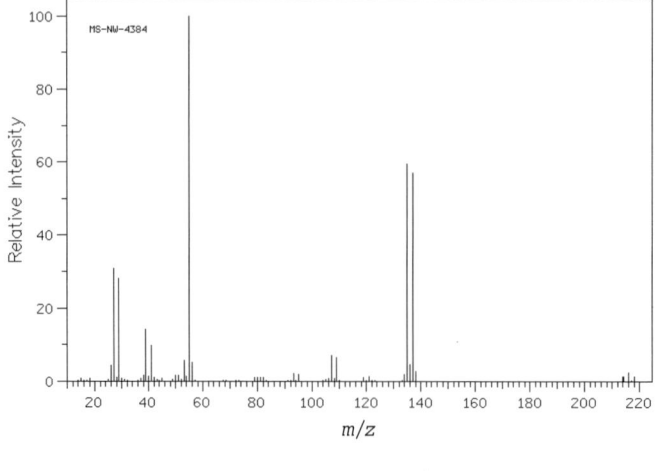

物質 T MS
独立行政法人産業技術総合研究所 SDBS より許可を得て転載.

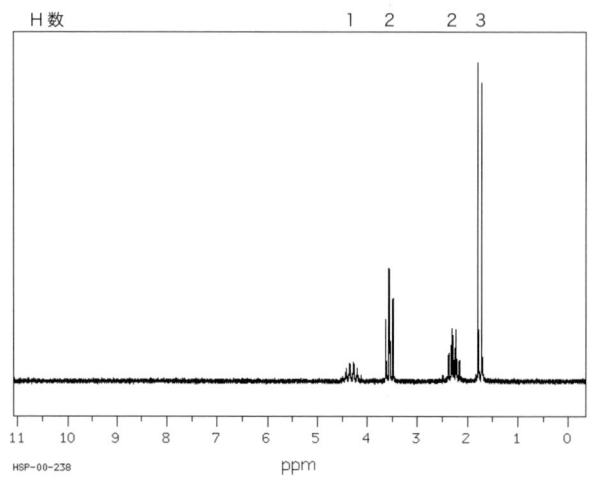

物質 T ¹H NMR (90 MHz)
独立行政法人産業技術総合研究所 SDBS より許可を得て転載.

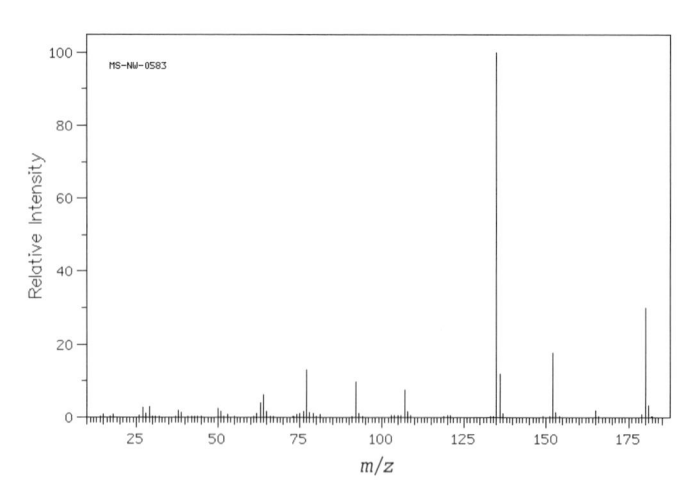

物質 U MS
独立行政法人産業技術総合研究所 SDBS より許可を得て転載.

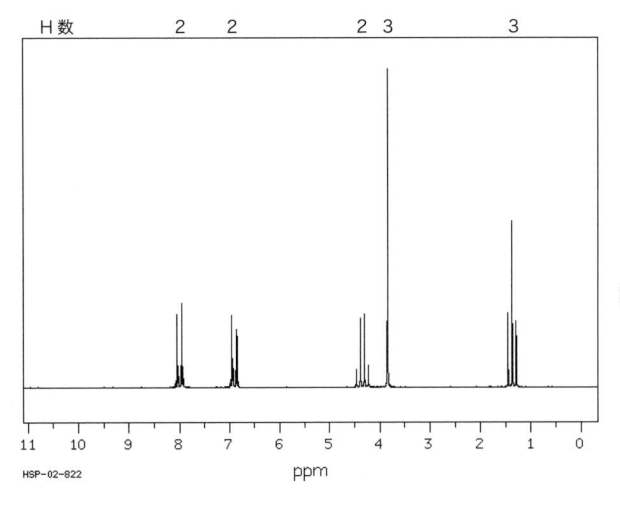

物質 U ^{1}H NMR
　　　　(90 MHz)

独立行政法人産業技術総合研究所 SDBS より許可を得て転載．

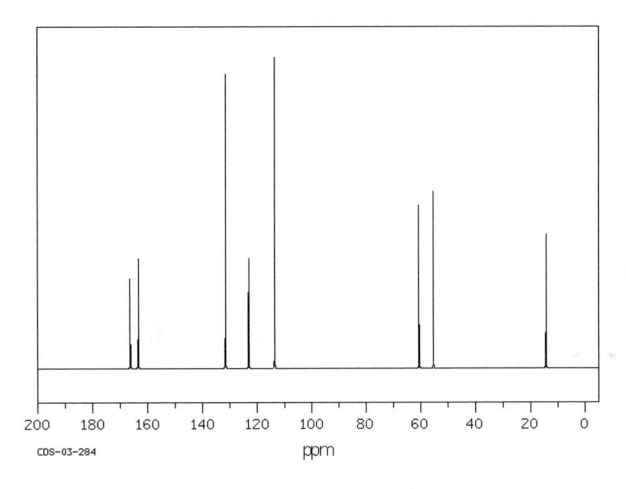

物質 U ^{13}C NMR
　　　　(25 MHz)

独立行政法人産業技術総合研究所 SDBS より許可を得て転載．

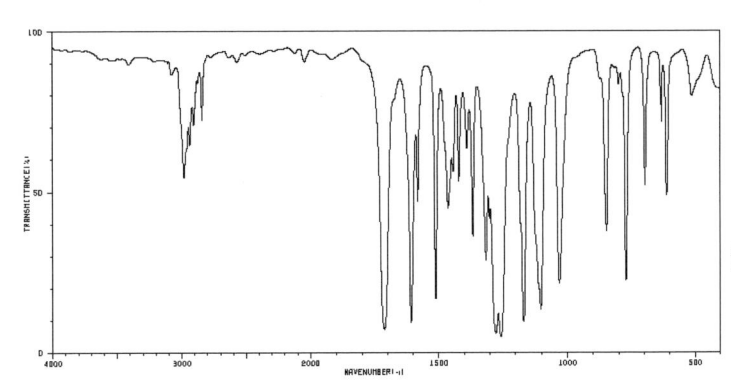

物質 U IR

独立行政法人産業技術総合研究所 SDBS より許可を得て転載．

参考図書

　有機構造解析の解説書，データ集はたくさんあるが，最近のもののなかから読者の参考になりそうなものをいくつかご紹介する．なお，初学者向けには良質な有機化学教科書のスペクトル解析の章も役に立つ．

● 全般的なもの
- D. J. Kiemle, F. X. Webster, R. M. Silverstein 著,『有機化合物のスペクトルによる同定法　第7版』, 荒木　峻, 山本　修, 益子洋一郎, 鎌田利紘 訳, 東京化学同人(2006).

古くから版を重ねている定番教科書．内容は詳細でデータも豊富．第6版からUVの項目がなくなった．
- M. Hesse, B. Zeeh, H. Meier 著,『有機化学のためのスペクトル解析法　第2版』, 野村正勝, 馬場章夫, 三浦雅博 訳, 化学同人(2010).

全般的な教科書としてすぐれているが，やや理論的な説明が多く入門者には難しい．
- L. M. Harwood, T. D. W. Claridge 著,『有機化合物のスペクトル解析入門』, 岡田惠次, 小嵜正敏 訳, 化学同人(1999).

コンパクトにまとめられてバランスもよく初級用教科書として手ごろ．
- 泉　美治, 小川雅彌, 加藤俊二, 塩川二朗, 芝　哲夫 監修,『第2版 機器分析のてびき 第1集』, 化学同人(1996).

全4冊の機器分析ハンドブックの第1冊．小冊子だが内容はかなり詳細．
- 北海道大学農学部 GC-MS & NMR 室,『ぶんせきの友』,
URL: http://www.agr.hokudai.ac.jp/ms-nmr/friends/index.html

著者の職場のwebページ．NMRを中心とした構造解析の解説など．

● データ集
- E. プレシュ, C. アッフォルテル, 雨宮　成, P. ブリューマン 著,『有機化合物の構造決定——スペクトルデータ集』, 講談社サイエンティフィク(2004).
- 泉　美治, 小川雅彌, 加藤俊二, 塩川二朗, 芝　哲夫 監修,『第2版 機器分析のてびき データ集』, 化学同人(1996).
- 有機化合物のスペクトルデータベース　SDBS〔(独)産業技術総合研究所〕,
URL: http://riodb01.ibase.aist.go.jp/sdbs/cgi-bin/cre_index.cgi

● 質量分析法
- 志田保夫, 笠間健嗣, 黒野　定, 高山光男, 高橋利枝 著,『これならわかるマススペクトロメトリー』, 化学同人(2001).

● 核磁気共鳴分光法
- 安藤喬志, 宗宮　創 著,『これならわかるNMR』, 化学同人(1997).
- 野口博司著,『ユーザーのためのNMR』, 廣川書店(2002).
- 福士江里著,『よくある質問NMRスペクトルの読み方』, 講談社サイエンティフィク(2009).

索 引

英 数 字

1,2-シフト	28
2結合	115, 136
3結合	115, 136
90度パルス	44, 47
α	40
β	40
β開裂	26
BB → 広帯域プロトンデカップリング	
^{13}C	38, 94
CD → 円偏光二色性	
CH-COSY	113
CI → 化学イオン化法	
cm^{-1}（カイザー）	120
CMR	39
COLOC	115
COM → 完全デカップリング	
cosine 曲線	44
COSY	109, 135
CPD → 完全デカップリング	
CW → 連続波	
δ	49, 51, 96
DEPT	103, 135
EI → 電子イオン化法	
ESI → エレクトロスプレーイオン化法	
ESR → 電子スピン共鳴(ESR)	
FAB → 高速原子衝撃イオン化法	
FD → 電界脱離イオン化法	
FID	45
FT-IR	124
FT-NMR → フーリエ変換型 NMR	
HETCOR	113
HMBC	115, 135, 138
HMQC	113, 135, 138
HOHAHA	111
HOMO	128
HR-MS	10
HSQC	113, 138
INEPT	103, 135
IR	120
J	69
J値	65, 136
KBr ディスク法	124
LR-CH-COSY	115
LUMO	12
[M]$^+$	5
[M+2]$^+$	14
MALDI → マトリクス支援レーザー脱離イオン化法	
McLafferty 転位	28, 34
m/e	4
[M+H]$^+$	7, 18
[M−H]$^-$	7, 18
[M+K]$^+$	18
[M+Na]$^+$	7, 18
MS	2
m/z	2
NMR	38
NOE	93, 99, 137
NOESY	112
ORD	137
π電子	57
PMR	39
Pople 表記法	80
ppm	49
ROESY	113
S/N 比	46
τ	51
TMS → テトラメチルシラン	
TOCSY	111
TSP → 3-トリメチルシリルプロパン酸ナトリウム-d_4	
xy 平面	44

あ 行

アイソトポマー	10, 101
アキシアル水素	71
アヌレン	60
アミド	84
アリルカチオン	26
アルキン	61
アルケン	61, 124
アルコール	31, 124
アルデヒド	33
安定同位体	11
硫黄	15, 90
イオン開裂	19, 20
イオン化部	2
位相	54
インバース法	113
液膜	124
エクアトリアル水素	71
エステル	34
エネルギー障壁	82
エレクトロスプレーイオン化(ESI)法	7
遠隔カップリング	70, 71
遠隔結合	115
塩素	14, 24
円偏光二色性	137
親イオン	19
折り返しピーク	91
オルト位	71

か 行

外部磁場	40
化学イオン化(CI)法	7
化学シフト	48, 96, 106
化学的等価	78
核オーバーハウザー効果	93
核スピン	38
加成性	107
加速電圧	3
カップリング	62, 69, 97
カープラス(Karplus)則	70
カルボカチオンの安定性	25
カルボニル	61, 125
カルボン酸	34, 124
完全デカップリング	99
環電流	58
官能基	122
緩和	45
基準ピーク	3
基準物質	52
基底状態	40

逆ゲートデカップリング	102
逆対称	121
吸光度	129
吸収極大	130
共鳴効果	56, 57
共鳴周波数	38, 42, 95
共役系	128
偶数フラグメントイオン	24
クラスターイオン	16
クロスピーク	108
ケイ素	15
結合性軌道	128
結合定数	65, 70
ゲートつきデカップリング	102
ケトン	33
原子核	38
交換	88
高磁場側	52
高周波数側	51
高速原子衝撃イオン化(FAB)法	6, 18, 134
広帯域プロトンデカップリング	99
高分解能質量分析	10
高分解能分析	134
ゴーストピーク	136

さ 行

差スペクトル	86, 94
サテライトシグナル	98
三重結合	125
三重線	67, 103
酸素	87
ジェミナル	69
磁化ベクトル	44
磁気異方性	58, 106
磁気回転比	38, 40, 95
磁気スピン	38
色素	130
磁気的等価性	79
磁気モーメント	40
シクロヘキサン	71, 82
四重極型	3
四重線	67, 103
シス	71
実効磁場	55
磁場強度	40
磁場スキャン型	3
磁場ロック	53
シム	54
ジメチルスルホキシド	88
指紋領域	123
遮蔽定数	49

重心	65
重水素化溶媒	53
臭素	14, 24
周波数	41
純度	134
助色団	130
試料管	55
伸縮振動	121
深色シフト	130
水素結合性	90
水素ネットワーク	112, 115
スズ	16
スピン系	80
スピン量子数	39, 40
スルホ基	126
生成物イオン	19
精密質量	9
積算	46
積分強度	101
積分曲線	51
絶対配置	137
前駆体イオン	19
旋光分散	137
浅色シフト	130
線幅	46, 91
相対強度	3
ソフトイオン化法	6

た 行

対称	121
他核	116
多次元 NMR	109
多重線	67
──の解析	78
脱カルボニルピーク	27
脱遮蔽	59
脱水ピーク	27, 33
縦緩和	45
縦磁化	45
単一線	103
炭化水素	29
窒素	90
──ルール	17, 135
中性子	10, 38
中性分子	27
超伝導マグネット	42
低磁場側	52
低周波数側	51
デカップリング	85, 99
テトラメチルシラン	53, 96
電界脱離イオン化(FD)法	7, 18, 134
電気陰性度	56
電子イオン化(EI)法	5, 134
電子雲による遮蔽	55
電子スピン共鳴(ESR)	38
電子スペクトル	128
電子密度	55, 106
天然存在比	11
同位体	10, 39
──ピーク	21
等価	67, 78
透過度	120
等高線表示	108
特性吸収	122
トランス	71
3-トリメチルシリルプロパン酸ナトリウム-d_4	55
トロピリウムイオン	28, 30

な 行

二次元 NMR	107
二重収束型	2
二重線	67, 103
ニトロ基	126
二面角	70
ヌジョール法	124

は 行

波数	120
パスカルの三角形	67
発色団	130
パラ位	72
パラシクロファン	59
パルス	43
──列	103
ハロゲン	14
反結合性軌道	128
反遮蔽	59
反転	82
非共有電子対	57
飛行時間型	3
ビシナル	70
微量試料	134
負イオンモード	7
フーリエ変換型 NMR（FT-NMR）	43, 96
複合パルス	99
不斉炭素	83
フッ素	14, 117
不飽和度	16, 135
フラグメンテーション	19, 24
フラグメント	2
──イオン	13, 19, 135

フレミングの左手の法則	2
プローブ	43
プロトン(^{1}H)	38, 39
分子イオン	5, 13, 18, 134, 137
——の安定性	18
分枝位置の決定	30
分子運動	113
分枝炭化水素	30
分子の対称性	79
分子量	10
——関連イオン	7, 18
平均化	89
平衡	87
——状態	82
ヘテロ原子	26, 87
ヘテロリシス	19, 20
変角振動	121
ベンジルカチオン	26
ベンゼン環	58, 71, 137
芳香族性	29
芳香族炭化水素	30
飽和	48, 85
飽和炭化水素	62
ホモリシス	19, 20

ま 行

待ち時間	104
マトリクス	6, 136
——支援レーザー脱離イオン化法	7
娘イオン	19

メタ位	71
メチル炭素	103
メチレン炭素	103
メチン炭素	103
面外変角	122
面内変角	122
モル吸光係数	129

や 行

誘起効果	56
誘起磁場	58
陽子	10, 38
ヨウ素	14
溶媒の残留シグナル	53
横緩和	45, 91
横磁化	45
四級炭素	103

ら 行

ラーモアの式	39
ラジカル開裂	19, 20
ラジカルカチオン	4
ランバート - ベール(Lanbert-Beer)則	129
リン	15, 39, 117
累積二重結合	125
励起	128
——状態	40
連続波	43

【著者略歴】

川 端　潤（かわばた　じゅん）

1954 年　北海道生まれ
1979 年　北海道大学大学院農学研究科修士課程修了
現在，北海道大学名誉教授　農学博士
専門は食品機能化学，天然物化学，NMR による構造解析

ビギナーズ 有機構造解析

2005 年 4 月 10 日　第 1 版第 1 刷　発行
2024 年 9 月 10 日　　　　第 21 刷　発行

検印廃止

JCOPY 〈出版者著作権管理機構委託出版物〉

本書の無断複写は著作権法上での例外を除き禁じられています．複写される場合は，そのつど事前に，出版者著作権管理機構（電話 03-5244-5088，FAX 03-5244-5089，e-mail: info@jcopy.or.jp）の許諾を得てください．

本書のコピー，スキャン，デジタル化などの無断複製は著作権法上での例外を除き禁じられています．本書を代行業者などの第三者に依頼してスキャンやデジタル化することは，たとえ個人や家庭内の利用でも著作権法違反です．

著　　者　川端　潤
発 行 者　曽根　良介
発 行 所　（株）化学同人

〒600-8074　京都市下京区仏光寺通柳馬場西入ル
編 集 部 TEL 075-352-3711　FAX 075-352-0371
企画販売部 TEL 075-352-3373　FAX 075-351-8301
　　　　　振　替　01010-7-5702
　　e-mail　webmaster@kagakudojin.co.jp
　　URL　https://www.kagakudojin.co.jp

印刷
製本　　創栄図書印刷（株）

Printed in Japan　© J. Kawabata　2005　無断転載・複製を禁ず　ISBN978-4-7598-0980-0
乱丁・落丁本は送料小社負担にてお取りかえします．